水稻栽培技术问答

SHUIDAO ZAIPEI JISHU WENDA

周　玮　徐福志　赵荣伟　主编

哈尔滨出版社

HARBIN PUBLISHING HOUSE

图书在版编目(CIP)数据

水稻栽培技术问答／周玮，徐福志，赵荣伟主编
. -- 哈尔滨：哈尔滨出版社，2024.3
ISBN 978-7-5484-7755-6

Ⅰ. ①水… Ⅱ. ①周… ②徐… ③赵… Ⅲ. ①水稻栽
培-栽培技术-问题解答 Ⅳ. ①S511-44

中国国家版本馆 CIP 数据核字(2024)第 054948 号

书　　名:水稻栽培技术问答
　　　　SHUIDAO ZAIPEI JISHU WENDA

作　　者:周　玮　徐福志　赵荣伟　主编
责任编辑:韩伟锋
封面设计:文　苗

出版发行:哈尔滨出版社(Harbin Publishing House)
社　　址:哈尔滨市香坊区泰山路 82-9 号　邮编:150090
经　　销:全国新华书店
印　　刷:北京虎彩文化传播有限公司
网　　址:www.hrbcbs.com
E - mail:hrbcbs@ yeah. net
编辑版权热线:(0451)87900271　87900272

开　　本:787mm×1092mm　1/16　印张:15.25　字数:240 千字
版　　次:2024 年 3 月第 1 版
印　　次:2024 年 8 月第 2 次印刷
书　　号:ISBN 978-7-5484-7755-6
定　　价:75.00 元

编 委 会

目　录

第一章　水稻生产基础知识

1. 发展水稻生产的重要意义?

水稻在我国粮食生产中占有重要地位,主要是因为水稻在我国不仅高产,而且比较稳产。除我国的自然条件适宜栽培水稻、我国的劳动人民有丰富的栽培水稻经验外,还因水稻具有适宜高产栽培的特性。具体体现在:①水稻根部有通气组织,可从地上部分获取空气以供根系生长,因而可在水层条件下栽培。既可以充分满足水稻生长对水分的需要,又可以通过水层管理来调节土壤养分状况、田间小气候和土壤微生物的活动,抑制病、虫、杂草的发生,利于水稻的生长发育和产量形成;②水稻虽属于 C_3 作物,但光合效率较高,与 C_4 作物接近,生物产量较高,加之水稻营养生长和生殖生长比较协调,经济系数一般为 0.5~0.6,因此,经济产量较高;③在粮食作物中,稻米的淀粉粒最小,直径仅为 3~10 毫米,粗纤维含量仅含 2.2%,虽然蛋白质含量达到 7%~10%,但稻米中蛋白质的生物价高。因此,米饭不仅香糯可口,而且稻米中各种营养成分的可消化率和吸收率都较高。此外,稻米的价格较高,稻米外面有谷壳紧包,不易吸湿返潮和虫蛀,便于运输和贮藏,稻草、稻壳等可以综合利用。因此,种植水稻的经济效益较高。

2. 栽培稻种的起源与分类

栽培稻种的起源:

栽培的水稻在植物学上属于禾本科(Gramineae)稻属(Oryza L.)。目前,世界上稻属植物有 20 多个种,但栽培的只有两个种,即普通栽培稻(Oryza sativa L.)和非洲栽培稻(Oryza glaberrima Steud.)。普通栽培稻又

叫亚洲栽培稻，叶片及颖壳上有茸毛，叶舌长而尖；非洲栽培稻叶舌短而圆，叶片及颖壳上无茸毛，称为光身稻。两种间杂交，F1代完全不育。普通栽培稻丰产性好、类型多，世界各地均有栽培。非洲栽培稻耐瘠薄，但丰产性差，只限于非洲一带栽培，逐渐被普通栽培稻取代。

栽培稻由野生稻经过长期的自然选择和人工选择演变而来。许多学者研究认为，栽培稻种起源于沿喜马拉雅山南麓的印度阿萨姆、尼泊尔、缅甸北部、老挝和中国西南。我国华南很多地区都有野生稻，包括普通野生稻、药用野生稻和疣粒野生稻。其中普通野生稻分布最广，一些特征特性与我国栽培的籼稻相近，杂交容易结实。说明普通野生稻与普通栽培稻的亲缘关系相近，是我国栽培稻种的祖先。

栽培稻种的类型：

水稻在我国栽培历史悠久，分布辽阔，经过长期的自然选择和人工培育，形成许多类型。我国的栽培稻种可分为籼稻和粳稻两个"亚种"。每个亚种各分为早、中稻和晚稻两个"群"。每个群又分为水稻和陆稻两个"型"。每个型再分为粘稻和糯稻两个"变种"及栽培品种。籼稻和粳稻是在不同温度条件下演变来的气候生态型品种。其中籼稻为基本型，粳稻为变异型。早、中稻和晚稻是适应不同光照条件而产生的气候生态型品种。其中晚稻为基本型，早稻为变异型。中稻的迟熟品种对日长的反应接近晚稻型，而中稻的早、中熟品种则接近早稻型。水稻和陆稻是由于稻田土壤水分不同而分化的土壤生态型品种。其中水稻为基本型，陆稻为变异型。粘稻和糯稻是淀粉分子结构不同形成的变异型。其中粘稻为基本型，糯稻为变异型。

这里分类的早、中、晚稻和双季稻的早、晚稻不是同一概念，前者是指生育期的长短，后者是指种植季节早晚而言。

3. 我国水稻种植区划如何划分？具有什么样的种植条件？

稻作区划：

我国北自黑龙江，南至海南岛，东起台湾地区，西迄新疆，从低洼的沼泽地到平均海拔4000米的青藏高原都有水稻栽培。大体上以秦岭、淮河为界，分为南方和北方两个稻区。根据丁颖对我国稻作区域的划分和近二十年我国水稻气候生态区划的研究可划分为六个稻作带。其中，华中湿润单、双季稻作带内划分为南部双季稻作区和北部单双季稻作区；东北半湿润早熟单季稻作带划分为南部早熟稻作区和北部特早熟稻作区；西北干燥单季稻作带划分为东部半干旱稻作区和西部干旱稻作区；西南高原湿润单季稻作区划分为云贵高原稻作区（包括西藏东南部）和青藏高原区。

种稻条件：

水稻原产热带，具有好湿喜温的特性。因此，种稻首先要具备水量和温度两个条件。水量多少，决定能否种稻和种植的比重；温度高低，决定稻作栽培制度及品种类型。

（1）种稻的水量条件　水稻生长期间，叶面蒸腾、株间蒸发和地下渗漏的水量合称稻田的需水量，前两者又合称为稻田的腾发量。需水量中的渗漏量可以通过耕作条件来改变。因此，能否种稻主要决定于稻田腾发量与降水量之间的关系，这两者的比值叫作稻田的"干燥度"。凡稻田干燥度大于1，表明该地区天然降水不足以供同面积稻田的腾发，必须汇集较大面积的降水，才能满足水稻生长的需要。北方除东北地区的东南部干燥度在1左右，其余地区都在2~6之间，因此，必须有充足的人工灌溉水源才能种稻。

（2）种稻的温度条件　水稻是喜温作物，需要日平均气温在10℃以上才能活跃生长。一般把日平均气温在10℃以上的月数叫作水稻的生长季。生长季的长短和生长期内温度的高低，是决定水稻栽培制度的重要因素之一。一般说来，凡水稻的生长季只有4~5个月，全期平均气温在15.7℃以上的，可以种单季春稻；凡水稻生长季有5~7个月，便可实行稻麦两熟；凡水稻生长季有7~8个月，全期平均气温在20℃以上的，就可以种双季稻。同时，温度也影响水稻的类型和品种。北方地区及南方高寒山区一般都种较为耐寒的粳稻，南方大部分地区则以籼稻为主。在生长期短的地区，只能种早熟品种，生长季长的地区，则可种中、晚熟品种。

4. 北方水稻的生产特点有哪些?

我国水稻主要分布在南方，但发展优质水稻的潜力却在北方。北方有大面积低洼地，种旱粮不保收，可以逐步改种水稻，变水害为水利；北方有大批有水源的盐碱荒地，可以用来垦种水稻，变荒地为良田。北方还具有多种利于水稻高产优质的自然条件。一是北方日照较长，云量较少，光合产物多。二是北方昼夜温差大，温、光、水资源分布与水稻生长发育基本同步。白天高温，利于养分制造，夜晚低温，利于养分积累，特别是水稻成熟期间秋高气爽，利于优质米形成。三是北方台风暴雨等自然灾害较少，冬季严寒，病菌、害虫越冬困难，威胁水稻的病虫害较轻。因而在同样肥水条件下，不仅产量高于南方，而且容易生产无公害稻米、绿色食品稻米和有机稻米。

从自然条件分析，北方地区发展水稻的限制因素是水资源不足，且降水主要集中在 7、8 月份，常出现干旱缺水的局面，影响水田面积进一步扩大；低温冷害频繁，使水稻产量高而不稳；水田多年连作，地力消耗严重；待开发的荒地或低洼地一般较瘠薄，盐碱严重，土壤砂性大，保水、保肥能力差。

自 20 世纪 50 年代以来，北方稻区的科技人员在水稻育种和栽培技术等方面进行了大量探索。杂交粳稻的培育成功，直立穗型和半直立穗型理想株型品种在生产中的应用，使品种的生产潜力显著提高。辽宁、吉林、黑龙江、河北、内蒙古、宁夏、新疆等省（自治区）在水稻旱育苗、稀播稀插、节水灌溉、化学药剂除草、配方施肥等方面取得了突破性进展，并发展为模式化栽培、旱育稀植栽培等综合技术，在生产中广泛应用。由于栽培技术的进步和品种的更新，实现了水稻面积、单产和总产的同步增长。同时，在优质米加工、销售及稻田养殖方面取得许多成果。北方水稻目前栽培面积虽然只占全国水稻栽培面积的 1/8 左右，但由于种植的是粳稻，稻米品质较好，国内外需求量大，商品率高，在发展高产、优质、高效农业中具有特殊意义。东北大米在国内市场上已经占有重要位置，成为北方稻区近年来水稻发展的特色。

5. 寒地水稻演化过程及主要特征是什么?

寒地水稻经历了极其复杂而漫长的演化过程,从高气温短日照的低纬度地区逐渐向高纬度地区发展。在长期的自然选择和人工选择过程中,保留了适应新生态因子的变异个体。这一变化的总趋势,在光温反应上的表现是对日照逐渐迟钝,对适温的要求逐渐降低,基本营养生长期逐渐缩短;在株形上由高变矮,营养生长期和生殖生长期交错。寒地水稻最明显的两个特征是早熟性和生育阶段的交错重叠。

水稻从种子萌动至新的种子成熟,就完成了一个生命周期,即水稻的一生。在水稻的一生中,其外部形态变化、内部生理过程和外界环境条件三者之间构成了一个密切相关的统一整体。外界环境条件影响着体内生理代谢过程,代谢过程又在外表形态变化上反映出来。弄清其相关的规律性,便可根据形态变化,为水稻正常生长发育创造最适宜的环境条件从而获得高产。

6. 籼稻和粳稻有什么不同点? 在生产上如何利用?

籼稻和粳稻在生理特性、形态特征以及栽培特点上均有不同。籼稻茎秆较粗,而粳稻茎秆较细。籼稻分蘖较强,不耐肥,易倒伏;而粳稻相对耐肥,不易倒伏,分蘖力比籼稻差。粳稻耐寒,在10℃以上就能发芽;而籼稻比粳稻耐寒力低,发芽温度需在12℃以上。从经济性状看,籼稻易落粒,出米率较低,黏性小,胀性大,所以吃起来觉得散落;而粳稻不易落粒,出米率较高,碎米少,黏性较强,胀性小。

从栽培地区看,籼稻适宜在低纬度、低海拔的温热地区栽培,多在我国南方稻区种植。粳稻适宜在高纬度和低纬度的高海拔地区种植,生育期间的温度一般较低。由于粳稻比较耐寒,长江流域或双季稻区形成"早""晚"粳稻品种布局,但粳稻品种多集中在北方稻区种植。

7. 东北稻区为什么不种籼米?

(1) 籼米品种耐寒性差,在东北稻区易受早春寒潮和晚秋低温的影响,生育安全性和稳产性差。

（2）籼稻极容易脱落，收获不及时易造成产量损失。

（3）籼米直链淀粉含量高，米饭黏性差，不符合北方人的口味，米的品质和价值也远不如粳米，因此，东北稻区不种籼米。

8. 水稻一生包括哪几个生育阶段？

水稻一生从种子发芽开始，经过一系列的生长发育过程，直到新的种子形成为止。根据水稻一生不同时期生长发育状况的不同，通常划分为两个生育阶段：营养生长阶段和生殖生长阶段；4 个生育时期：秧苗期、分蘖期、幼穗分化期及结实期。要经历发芽、出苗、发根、出叶、分蘖、拔节、幼穗分化、孕穗、抽穗、扬花、授粉、灌浆、结实等生理过程。

9. 什么叫水稻营养生长阶段？在生产上如何应用？

水稻营养生长阶段是指从种子发芽开始到幼穗分化以前。在这一时期内主要是摄取养分，为过渡到下一发育阶段积累必要的营养物质。营养生长阶段包括幼苗期和分蘖期。幼苗期指秧田期内稻种发芽、出苗到插秧前。分蘖期依分蘖时间和速度不同，分为分蘖始期、最高分蘖期、分蘖末期等。分蘖期间分蘖数开始时增加较慢，数量少，称分蘖期；随着稻株同化作用的增加，生长旺盛，分蘖速度加快，分蘖茎数迅速增加以至达到最高分蘖数，称最高分蘖期；最高分蘖期以后，分蘖茎数的增加又趋于缓慢，以至分蘖茎数停止发生，即分蘖末期。水稻发生的分蘖并非都能成穗，只有有效分蘖茎数才是每亩穗数的基础。因此，了解水稻分蘖特性后，在农业生产上就要千方百计采取促进措施，争取多一些有效分蘖。如果分蘖期光照充足、温度高、环境条件好，栽培上施足基肥，加强肥、水管理，供给稻株充足的营养物质，促使其早生快发，就能保证在一定面积内达到最高的有效茎数。因此，分蘖期是决定穗数多少的关键时期。

10. 什么叫水稻生殖生长阶段？在生产上如何应用？

水稻生殖生长阶段是指从幼穗分化到新的种子形成。在这个时期要吸取大量营养物质、水分，除建造植物体外，还要转化形成生殖器官，开花结实。

生殖生长期包括幼穗形成期和结实期。幼穗形成期从穗原始体开始分化到抽穗为止。结实期是从抽穗开花到子粒成熟为止。幼穗形成期间，稻株节间迅速伸长，植株高度增加很快，所以这个时期又叫伸长期。这个时期是决定每穗粒数多少的重要时期，也是关系到产量高低的重要时期。此期如果外界环境条件良好，营养充足，每穗粒数就多，则获得高产的可能性就大；反之，外界环境条件不能满足稻穗生长发育，营养条件很差，穗头小，子粒少，产量不高。从氮素供应情况看，从幼穗分化到抽穗结束，所吸收的氮素数量约占水稻一生中吸收氮素总量的 30% 左右。为此，栽培上特别强调在前期施肥不足的情况下，采用施穗肥的措施，补充营养，以增加粒数。

结实期是结实率的高低和粒重的决定时期。此期如果营养条件好，则结实率高，子粒饱满；相反，养分不足，则影响千粒重。因此，这个时期水稻需继续吸收养分，如氮素需吸收 10% 左右。如果此期养分不足，就施粒肥，增加粒重。

结实率是指除去未受精的空壳和很早停止发育的秕粒以外的谷粒占全穗所有粒数（含空壳、秕粒）的百分率。成熟率还应除去结实率中不够充实的谷粒。因此，成熟率的标准要求比结实率高。

11. 水稻品种生育期是按什么标准划分？

一是水稻完成生长发育全过程所需的总天数。

二是不同品种稻株的主茎总叶数。

三是生长发育全过程所需的积温数。

12. 种子发芽的过程分几个阶段？

种子在水分、温度、氧气适宜的条件下即可打破休眠状态，胚开始活动，进入发芽过程。种子发芽分为 3 个阶段：一是吸水期，即种子充分吸水时期；二是发芽准备期，即种子中的酶迅速活动，胚乳中的养分向胚的生长部分输送；三是生长期，即胚体膨胀，出现幼芽、幼根。

13. 水稻种子的结构与发芽的生理过程有哪些？

水稻种子是稻苗生长的基础。水稻的种子即谷粒，植物学上叫做颖

果。谷粒的最外层是谷壳，谷壳同两片"船"形的颖壳组成，外面的一片叫外颖，里面的一片叫内颖。谷粒的顶端叫稃尖。稃尖有的延伸成为芒。芒的有无、长短和色泽，是鉴别水稻品种的依据之一。

谷壳的里面是果实——糙米。内部颖果即为"糙米"，由子房受精发育而成，包括果皮、种皮、胚乳与胚，果实由胚和胚乳两大部分组成。糙米重量的98%是胚乳。胚乳含有丰富的淀粉及少量的蛋白质和脂肪等，是人类食用的主要部分，也是秧苗生长初期的营养供应"仓库"。胚乳包括位于外层的糊粉层和占据中央大部分的淀粉组织。糊粉层由糊粉细胞组成，贮有蛋白质、脂肪、维生素和各种酶。淀粉组织的细胞较大，充满淀粉粒，间有少量蛋白质。胚位于子粒下腹部，包括胚芽、胚根、盾片和覆盖胚芽鞘的外胚叶。子粒背部、腹部及近背部两侧的果皮层内有4条维管束，是灌浆时运输营养物质的管道。水稻种子在适宜的水分、温度、氧气条件下，胚乳中的养分经过酶的活动分解，变成可溶性物质被胚体吸收利用。胚体中胚芽、胚茎、胚根、生长点的细胞得到丰富的养分后，开始进行细胞分裂。细胞数量增加，体积增大，使胚根、胚芽伸长，突破种皮，伸出颖外，即称"萌发"或"破腹露白"。胚芽向上生长先形成1片圆筒状叶，叫做芽鞘。胚根向下生长先形成1条粗根，叫做种子根。芽鞘和种子根伸出颖外的时期，叫做发芽。

糙米大多数是白色透明的，也有少数品种糙米外表是紫红色。糯米为乳白色。大多数米粒的腹部与中心处有一白色不透明的部分，在腹部的叫腹白，在米粒中心处的叫心白。腹白和心白组织松疏，米质差，加工时容易成碎米。所以，米粒腹白、心白的有无和多少是鉴别米质好坏的重要标志。

14. 水稻出苗的生理过程有哪些？

发芽后从芽鞘内长出1片只有叶鞘没有叶身的叶，叫做不完全叶。接着从不完全叶内长出1片具有叶鞘和叶身的完全叶，叫作第1叶。当全田有50%的植株第1叶展成喇叭筒状时，称为出苗期。

出苗后依次长出第2叶、第3叶，当50%的植株展开第3叶时，叫做

3叶期。这时已经长出四五条须根，胚乳的营养也已消耗完，因此，3叶期在生理上叫做离乳期，以后就转入独立营养。

15. 水稻发根的生理过程有哪些?

种子发芽时，由胚直接伸出种子根1条。其后在茎基部密集的节上生根，叫做冠根（节根），由基部1~4茎节上生长。地上部各茎节也具有发根能力，通常只有在倒入泥土中才会生根，叫做不定根。在浅灌条件下，新根先端生有根毛，深灌则不生，从茎节上生出的冠根，叫做第1次根，从第1次根上生出的支根，叫第2次根。由种子根、冠根构成须根系。水稻根系具有固定、吸收、输导、通气等功能。其根尖由根冠、分生区、伸长区、根毛区、成熟区五部分构成。稻根有趋向暗、水的特性。

16. 水稻看苗先看根是什么道理?

水稻根系是吸收和运输水分、养分及支持和固定植株的重要器官。一般说，根系发达的稻株吸收能力强，根生长弱的吸收能力弱，根系弱的稻株地上部生长也弱。稻农常说的"根深叶茂"就是这个道理。一般粳稻吸收养分比籼稻多，多穗型品种比大穗型品种多，分蘖力强的比分蘖力弱的多，这些都与稻株根系生长强弱有一定的关系。通过观察根系发育的好坏还可以间接知道环境条件的优劣。影响根系吸收养分的外界条件有温度、通气状况、硫化氢、有机酸、二价铁、土壤溶液深度以及酸碱度等因素。

在一定的温度范围内，根系吸收矿物质养分随土壤温度的增高而加快。温度过低，根部代谢弱，吸收能力差。但温度过高，使根部酶钝化，影响代谢，吸收也弱，同时高温细胞透性增大，盐类被动外流，根部吸收盐类减少。根部通气好的稻田，呼吸旺盛，产生能量多，而冷浸田、烂泥田和地下水位高的稻田，土壤通气不良，影响稻根呼吸，也影响根系对肥水的吸收。这种稻田土壤呈还原状态，硫化氢增多，也不利于根系吸收，致使根系发黑死亡。有机酸对水稻根系吸收能力的影响同硫化氢的作用基本相同。亚铁（二价铁）对水稻根系的危害，严重时影响根系吸收养分，也抑制根部的呼吸强度。

水稻根系吸收养分的能力，与土壤溶液浓度有密切关系。浓度适宜，根系吸收养分快而多。如果土壤溶液浓度过高，或一次施肥太多和施肥不均匀，往往使根系吸收能力减弱。土壤酸碱度可作为施肥的参考依据。土壤 pH 值 6.5~7.5 时，土壤中各种养分较多。水稻 pH 值 4~9 之间都可以生长，但以 pH 值 6~7 时最为适宜，根系吸收能力也较好。

17. 如何判断水稻出叶的各个阶段？

种子发芽后依次出生的鞘叶、不完全叶、第 1 片完全叶，都是由胚芽中的原始叶生出。此后每长一茎节就随着出 1 片叶。

稻株的生育时期，习惯上用叶龄表示，每出全 1 叶即增 1 龄。直播栽培出全 3 叶以前，插秧栽培移栽以前都统称为幼苗期。

水稻的叶由叶鞘、叶片、叶舌、叶耳、叶枕构成（在发育上叶舌属于叶鞘，叶耳属于叶片）。从解剖上看，叶片分为具有气孔的表皮、承担光合作用重要部位的叶肉及起到运输通道作用的叶脉。

水稻主茎叶片数因品种生育期不同而不同。同一品种因栽培方式不同也有明显变化。一般情况下，同一品种在同一地区插秧栽培要比直播栽培多 2 片叶左右。

叶的分化、生长分为叶原基形成、叶组织分化、叶片伸长、叶鞘伸长四个阶段，且有明显的层次和发育规律。当第 1 叶的叶片抽出、叶鞘伸长时，其叶鞘内包裹的第 2 叶的叶片在伸长，第 3 叶的组织已经分化，第 4 叶的组织开始分化，第 5 叶的原基分化。各相邻的叶都有着相同的发育规律。主茎各叶，前 3 叶在分蘖前抽出，最后 3 叶在幼穗发育期抽出，其余的叶在分蘖期抽出。主茎各叶出叶速度与温度关系密切。一般在营养生长期 4~6 天出 1 片叶，生殖生长期 6~8 天出 1 片叶。叶的寿命随叶位上升而递增。水稻一生中新叶不断出生，下部叶陆续衰亡，各叶具有不同的功能。光合产物去向也不同。

芽鞘是保护幼芽的；不完全叶和第 1、第 2 片叶是为幼苗生长服务的；第 3、第 4 片叶是为分蘖原基的形成起作用的；第 5、第 6、第 7 片叶是为幼穗发育效力的，第 6 至第 9 片叶负责幼穗发育和节间伸长；第 8 叶至剑叶为开花结实灌浆的功能叶。下位分蘖茎上的叶片还要为根的生长供给养分。水稻一生主茎叶片按功能可分为三类：一类为营养生长叶，主要负责幼苗生长和分蘖发生，处于中基部节位。这些节均能发根、出叶、出分蘖；二类为过渡生长叶，为倒4~6叶，发生在幼穗分化前后，其中倒5~6叶一般不发生分蘖；三类为生殖生长叶，称穗粒生长发育功能叶，即倒1~3叶。叶片除光合作用外，还有呼吸、蒸腾、运输、贮藏等功能。

18. 什么叫叶龄？如何计算叶龄？秧龄和叶龄在生产上怎样应用？

水稻一生的主茎叶片数有相对稳定性，从秧田期开始，用主茎的叶片数来表示水稻的生育时期，就叫叶龄。

一定的叶龄能够表示出稻株相应的生长发育时期。所以，用叶龄可以比较准确表示水稻生长发育进程以及外界环境条件的影响，例如，某个水稻品种生出倒3叶左右时，就表示该品种开始幼穗分化。如何计算叶龄？叶龄记载苗期就开始。一般当秧苗展开第1片完全叶，记作"1"，展开第2片完全叶，记作"2"，依次类推。在秧田中选择10~20株生长正常的秧苗，编号逐株记录：以完全展开叶为1；不完全展开叶部分所占比例计算。从秧苗第1片完全叶开始，第1次观察时应在展开叶上部1/3处用圆珠笔、红色油漆，或在叶尖处剪去少许做标记，以便今后观察时易于辨认和记录。在秧苗出现分蘖后，叶龄记载仍以主茎为主，不包括分蘖。叶龄观察间隔时间，秧田期一般5天观察1次，移栽后5~7天观察1次，直至剑叶抽出为止。每次观察后，计算叶龄平均值。此外，移栽时，标记叶龄的秧苗也应移入大田，每穴稻株旁附插1株，附插点一般选择在田边第3行，以便于观察。叶龄可反映水稻个体生育的变化，在栽培管理中有着重要的作用。

叶龄和秧龄都可用来表示水稻生育状况。叶龄表示出叶个数，而秧龄是用天数多少表示水稻生育进程。但用叶龄表示秧龄，比用天数表示更为可靠。叶龄在生产上有以下应用：

（1）用叶龄表示秧龄，比用秧龄表示更安全可靠。这是因为在年度间相同天数内的积温差异较大，如用天数表示，在高温年份，感温性强的品种就会产生超秧龄的情况。而用叶龄表示，在较高温度下，出叶速度加快，这样，一定品种年度间叶龄差异减少，防止超秧龄的出现。

（2）出叶速度可作为肥水管理的一项动态指标。如在分蘖期，肥水管理适当，外界环境条件适宜，主茎出叶迅速，一般每隔5天左右出1片新叶，这不仅表明绿色叶面积增长快，而且标志着分蘖增长迅速，有利于提高成穗率。反之，出叶速度慢，就应采取措施加以促进。

（3）用叶龄余数或叶龄指数可预测幼穗分化开始日期和发育时期，从而可以采取相应栽培措施增加每穗颖花分化数，减少退化数，提高结实率。

此外，应用叶龄记载数据也可对某一品种的叶片生育特性作相应的分析。

①叶龄指数：水稻主茎上观察到的叶片数占该主茎总叶数的百分比，叫叶龄指数。用公式表示如下：

叶龄指数=已出主茎叶片数/主茎总叶片数×100%

生产上用这种方法比较准确。据观察，如主茎总叶片数为15~17，不论品种、栽培时期如何，叶龄指数达78%左右，即为第一苞分化期；达85%时为二次枝梗分化期，达97%左右为减数分裂期，花粉母细胞充实并形成外壳的时期，也就是剑叶伸长终止期，叶龄指数为100%。

②叶枕距法：记载剑叶的叶枕和下一叶的叶枕的距离。用叶枕距法也可推算出稻穗发育的进度，这是诊断减数分裂过程的一个最简便方法。叶枕间距以厘米来表示。计算时，剑叶叶耳从下一叶的叶鞘中抽出后，在数字前加上正号（+），如未露出则加上负号（-），两叶的叶耳重叠时为0。

19. 水稻分蘖的各时期具有哪些生物学特征？

水稻在茎节上出叶，从叶腋上生腋芽即分蘖。主茎从第1完全叶的节位起，除伸长节外的各节上的腋芽，都可发育成分蘖（地上部各茎节上的腋芽在通常环境下不发育成分蘖）。发育成穗的分蘖叫做有效分蘖，未能发育成穗的叫做无效分蘖，从主茎上生出的分蘖叫做第1次分蘖，从第1次分蘖上生出的分蘖叫做第2次分蘖，从第2次分蘖上生出的分蘖叫做第

3次分蘖。全田50%的植株有分蘖叶露出叶鞘时称为分蘖期。

通常，低节位分蘖成穗率高、穗大、成熟度好。壮秧、浅插、浅水、早插等，均有利于低节位分蘖早生快发。

水稻根、叶、蘖在发育上的相关规律是N-3的关系，某节位上的叶与其上第3节位上的根和分蘖同时出现。如第7节上正在出叶时，则第4节上正生出分蘖和根。在分蘖期，若某节位出叶而其下第3节未出根和蘖，则应撤浅水层，通气增温，增根促蘖。

一般主茎第4叶抽出时，第1叶腋的分蘖芽开始长出。而这个分蘖早在种子发芽、鞘叶伸出时就开始分化，幼苗在3叶期时体内已有5个处于不同发育阶段的分蘖芽和原基。根据水稻根、叶、蘖发育上的同伸规律来判断苗情，指导栽培意义重大。

从解剖上看，水稻的根、叶、蘖是以茎节为中心而联结成为一个器官群的"连锁体"。根、叶、蘖的维管束在茎节上与茎的维管束直接相联络。基部各茎节的根原基发育成根所需营养是由所在节位的叶供给。分蘖原基分化发育成为分蘖所需营养也是由所在节位上的叶供给。待分蘖生出叶片并开始发根后，才能独立营养。分蘖与主茎始终保持联系，互相流通养分。水稻根、茎、叶、蘖的气腔连贯着，气体可由叶片的气孔进入气腔，直达根部，根部还可直接吸收水中氧气。

20. 寒地水稻拔节各时期具有哪些特征？

水稻在幼苗期和分蘖期茎节密集于基部。每节生1叶，叶鞘重重包围，形成扁圆的"假茎"。直到抽穗前25~30天，才开始节间伸长，第1个伸长节达0.5厘米以上，叫做拔节。全田植株有50%以上开始拔节为拔节期。拔节后基部迅速伸长，节上的叶也依次生出，同时幼穗开始分化发育直到抽穗，茎秆到齐穗期才停止伸长。

水稻的茎为中空的髓腔。表现充实隆起的部位叫节，两节之间叫节间，茎最基部的3~4节主要生冠根也生分蘖；中下部的3~4节主要生分蘖也生冠根，最上部的3~4节为伸长节。从解剖上看，茎的组织分通气组织（气腔）、输导组织（维管束）、机械组织，起着支撑、贮藏和运输作用。

茎秆的分化发育分为四个时期，即节和节间分化形成期、节间伸长期、物质充实期、物质输出期。伸长节间的数目因品种而有所不同，一般伸长节间数约为主茎总叶数的1/3左右。寒地水稻主茎叶数为9~14片，伸长节间为3~5个，大多数为4个。通常矮秆水稻茎秆健壮且有弹性，基部节间短的株型有利于防止倒伏。

21. 怎样才知道水稻拔节了？拔节后水稻有什么特点？

所谓拔节（圆秆）是指茎秆基部第一个节间伸长达1.5~2.0厘米，外形由扁变圆。全田有50%的稻株进入拔节时，即称拔节期。

早熟品种伸长节一般有3~4个，中熟品种有5~6个节，晚熟有6~7个节。辽宁多为5~6个伸长节。

水稻节间伸长，是自下而上逐个顺序进行的。节间伸长和出叶之间存在着相互联系。

水稻拔节后，稻株各部器官进入迅速生长阶段，根系吸肥量加大。假若此时土壤营养缺乏，将使一部分分蘖生长停滞，而后死亡。如土壤肥力不足，巧施拔节肥，能够有效提高分蘖成穗率。如果此时分蘖过多，拔节期晒田，限制稻田养分供应，抑制稻株生长，使一部分分蘖死亡，有利于群体中期、后期光照条件的改善，使茎秆短而粗壮，对防倒伏作用很大，也有利于夺高产。

22. 寒地水稻长穗的全过程具有哪些生物学特征？

寒地水稻在拔节期稍前时幼穗开始分化，幼穗的发育是决定穗数和粒数的关键时期。

幼穗的发育过程：

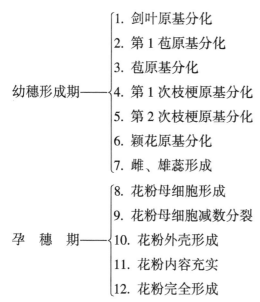

幼穗形成期——
1. 剑叶原基分化
2. 第1苞原基分化
3. 苞原基分化
4. 第1次枝梗原基分化
5. 第2次枝梗原基分化
6. 颖花原基分化
7. 雌、雄蕊形成

孕　穗　期——
8. 花粉母细胞形成
9. 花粉母细胞减数分裂
10. 花粉外壳形成
11. 花粉内容充实
12. 花粉完全形成

　　整个幼穗发育的生理过程，包括体细胞的分裂和生殖细胞的染色体减数分裂。1个细胞通常由细胞壁、细胞质、细胞核、液泡构成。细胞的有丝分裂过程：一是每个染色体短变粗准确地纵裂；二是裂开的染色体在纺锤丝的牵引下向两极移去；三是染色体平均地分给2个子细胞并变细变长，核膜核仁重新产生，子细胞与母细胞的染色体数目相同。

　　减数分裂是连续的两次有丝分裂，其中一次发生染色体数目减半，于是减数分裂由1个母细胞分裂成4个染色体减半的子细胞。这种特殊的分裂仅发生在生殖器官产生配子的时候。

　　寒地水稻抽穗前30天左右幼穗原基组织开始活动，剑叶原基凸起。凸起部分上面有一圆形物质，随后形成第1苞原基的环状凸起。其下有第2苞、第3苞原基形成，即苞原基增殖期。接着在苞基部出现第1次枝梗原基并迅速生长至苞上方。在第1次枝梗开始生长时，其背面基部两侧第2次枝梗原基同时开始分化。此时的幼穗可用肉眼见得到。在第1次枝梗先端副护颖和护颖原基出现，此时颖花陆续开始分化，接着第2次枝梗的颖花也开始分化。此时，晚分化的接近顶端的第1次枝梗原基比基部早分化的第1次枝梗原基等量发育快，进行分化和生长逆转。随后上位颖花的外

颖、内颖原基出现，雄蕊原基开始分化，下部颖花分化开始，此后花药和胚的原基开始分化，颖花内、外颖发育。内、外颖和雄蕊、雌蕊发育旺盛，花粉母细胞形成并充实。此时颖花长度约 2 毫米，幼穗长 1.5~4.0 厘米，进入花粉母细胞和胚母细胞的减数分裂前期。随后至颖花长 3 毫米，幼穗长 5 厘米时进入花粉母细胞第 1 分裂期、第 2 分裂期及 4 分子期，花粉外壳开始形成，颖花长孽穗长能达到出穗期的长度。此后花粉内容进一步充实，花粉外壳尚需完善，进而花药黄化、颖花绿化，直至花粉完全形成。

23. 水稻结实期具有哪些生物学特征？

水稻从出穗至成熟为结实期。这个时期为生殖生长期。结实期又可分为扬花授粉和灌浆成熟两个阶段。寒地水稻从出穗到成熟一般需要 35~45 天。

水稻穗头露出剑叶叶鞘时为出穗，全田植株出穗达到 20% 为始穗期，达 50% 为出穗期，达 80% 为齐穗期。出穗当天或次日即开始开花。穗的花序为圆锥花序。自穗茎到穗尖中间的主梗为穗轴，穗上有穗节，穗节上着生的枝梗叫做第 1 次枝梗。在第 1 次枝梗上着生的分枝梗叫做第 2 次枝梗。第 1 次枝梗、第 2 次枝梗上分生小穗梗，末端着生 1 个有柄的小穗。一般每个穗节只有 1 个枝梗，有互生的也有对生的，基部的穗节常有 2~3 个枝梗是轮生的。通常认为穗枝梗下部轮生、中部对生、顶部互生为优良穗型。

开花顺序是每穗上部枝梗的颖花先开，中下部的后开。各枝梗均以上数第 2 颖花和基部颖花开花最晚。因其维管束发育较差，属弱势花，多为空秕粒。

稻花开放是由于外颖内侧基部的两个浆片吸水膨胀使外颖张开，从开始开颖到全开约需 20 分钟。从开颖到闭合的时间一般需 1~2 小时（气温高开颖时间短，反之则长）。一天内开花时间通常是：9 时开始开花，10~12 时是开花最盛期。一般 14 时左右停止开花，寒地水稻停止开花时间较南方稻明显提前。

颖花由副护颖、护颖、外颖、内颖、浆片、雌蕊、雄蕊等部分组成。副护颖2片，在小穗柄顶端呈杯状膨大。其大小与脱粒难易有关。在副护颖上边有2片披针形护颖，护颖内有内颖、外颖各1片（也叫内、外释）。颖花中间有雌蕊1枚，雄蕊6枚，雌蕊由子房、花柱、柱头三部分构成。子房在基部，上伸为花柱，花柱先端是分为两叉的羽毛状柱头。雄蕊由细长成条的花丝和囊状花药构成。花药分4室，内藏黄色球状花粉。开花时，花丝和柱头急速伸长，花药下端裂开，花粉落在柱头上叫授粉，花药散出粉后花丝即凋萎。花粉落在柱头上很快就伸出花粉管，花粉管进入雌蕊子房中的胚囊，放出2个精核。其中1个精核与胚囊中的卵结合授精后发育成胚，另1个精核与2个极核结合为胚乳原核后发育胚乳。通常在授粉后的2~3小时就完成了受精过程。

受精后5天，胚的幼芽和幼根可以辨认，第10天胚即可发育形成。胚乳于授粉后5天开始形成淀粉，到第10天胚乳细胞迅速蓄积淀粉，发育成熟。从灌浆到成熟可分为乳熟期、蜡熟期、黄熟期、完熟期、枯熟期。乳熟期胚乳为白色乳浆状，蜡熟期胚乳呈蜡质状，黄熟期谷壳金黄，完熟期胚乳呈玻璃质状，硬且实，枯熟期茎时枯黄。

24. 水稻原种及标准是什么？

原种是指育种家繁殖的第一代至第三代或按原种生产规程达到原种质量标准的种子，可用于进一步繁育大田用种的种子。

标准如下：

纯度不低于99.9%、净度不低于98%、发芽率不低于85%、含水量不高于14.5%。原种用于水稻良种繁育田。执行标准GB/T17361—2011

25. 水稻良种及标准是什么？

良种是由原种扩繁而来，良种直接应用于生产田。

标准如下：

纯度≥96%、净度≥97%、发芽率≥85%、含水量≤15%。执行标准NY/T3178—2018

26. 水稻原种与良种的标签区别？

原种标签是蓝色的，内容是生产单位、繁育日期、审定号、检疫号、种子标准、使用说明等。

良种标签是黄色的，内容是生产单位、繁育日期、审定号、检疫号、种子标准、使用说明等。

27. 水稻原种与良种在水稻种植方面有什么明显的区别？

水稻的原种与良种在种出的水稻品质方面没有明显的区别。都是一个品种，只不过一个是用来繁育良种的高纯度种子，一个是用来种植商品粮进行市场销售的种子。水稻原种是由育种家种子也就是原原种繁育而来，原原种是纯度最高的种子，由原原种繁育的种子叫做原种。水稻是自交系作物，在经过连续几年的种植后会出现性状退化、纯度降低以及各种抗性变差的缺陷，需要通过育种家的种子再继续繁育一批原种，以供制备原种使用。而良种是通过原种繁育而来，市面上的种子都是良种，种植出来的是商品粮。只有种子公司才能繁殖良种。而种子公司的原种也是通过育种家种子繁育而成。

因此，原原种、原种、良种只是一个品种的不同纯度级别的区别，与种植出来的水稻品质没有明显的区别。

28. 优良水稻品种需具备哪些特性？

丰产性好、增产潜力大，优质、抗逆性好，适应性广、稻米品质好。

29. 选择水稻品种要坚持哪几个原则？

（1）稻米品质要达到国标优质稻谷三级以上。

（2）要有较好的综合性状等生产优势。

（3）要通过审定定名或进入生产试验。

（4）要有较强的适应性能。

30. 气温对寒地水稻产量有什么影响？

水稻是喜温、短日照作物，寒地水稻生产中影响水稻产量最主要的因素是气温，气温影响水稻产量的最关键时间是 7~8 月份，特别是在水稻抽穗前15天到抽穗后25天的40天时间里，是产量的决定期，气温的高低对产量的影响非常大。因此，要根据寒地水稻生育期间短、活动积温少、前期升温慢、中期高温时间短、后期降温快、低温冷害频繁等特点，选用当地适熟品种，以安全抽穗期为中心，确定生育时期界限，实行计划栽培，充分利用当地的光热资源，确保安全成熟，实现优质、高产、高效。水稻生产的每一项作业，都要严格保证农时，牢固树立农时就是质量、农时就是产量的思想。

31. 黑龙江省水稻保温育苗注意事项有哪些？

黑龙江省水稻保温育苗一般4月初开始（南部早、北部晚），气温稳定在5℃后，育大苗需在4月20日前播完，审苗；中播种期不超过4月25日。插秧期以当地气温稳定在13℃、5月中旬前后开始，5月15～25日为高产插秧期，不超过5月末，保证水稻有足够的有效分蘖时间，并保证6月末7月初进入幼穗分化，7月末8月初安全抽穗，到9月中旬气温降到13℃完成全成熟。

32. 黑龙江省各积温带积温是多少？

第一积温带积温：2700℃以上（温暖）

第二积温带积温：2500～2700℃（温和）

第三积温带积温：2300～2500℃（温凉）

第四积温带积温：2100～2300℃（冷凉）

33. 适合黑龙江省第一、第二、第三、第四积温带水稻品种有哪些？

选择审定推广优质适熟抗逆性强的水稻品种，杜绝盲目引种和越区种植，杜绝应用满贯品种，实现品种合理搭配。

在具体品种选择上，第一积温带主要以五优稻1号、五优稻2号、松粳2号、松粳5号、松粳9号、龙粳9号、东农421、龙洋1号、牡丹江19、牡丹江22及藤系140等品种为主。

第二积温带主要以富士光、合江19、东农422、松粳6号、松粳10

号、绥粳 4 号、绥粳 7 号、龙粳 10 号、五优稻、龙稻 6 号、龙稻 7 号、藤系 144、东农 416、东农 419 及东农 420 等品种为主，第二积温带上限也可选用东农 421、牡丹江 19 和藤系 140。

第三积温带主要以空育 131、绥粳 3 号、龙粳 3 号、龙粳 8 号、龙粳 3 号、垦稻 10 号、莎莎妮、普黏 7 号及垦香糯 1 号等品种为主。

第四积温带主要以黑粳 5 号、黑粳 7 号为主，黑粳 5 号要在本积温带上限栽培。

34. 东北稻区水稻品种熟期划分

极早熟品种：要求积温≥10℃2100℃；生育日期 110~115 天；
　　　　　　纬度 45~46N。

早熟品种：要求积温≥10℃2150℃；生育日期 120~125 天；
　　　　　纬度 44~46N。

中熟品种：要求积温≥10℃2600℃；生育日期 130~135 天；
　　　　　纬度 43~46N。

晚熟品种：要求积温≥10℃2700℃；生育日期 135~147 天；
　　　　　纬度 42~46N。

35. 什么是无公害水稻、绿色水稻和有机水稻？

无公害水稻，是指限量使用农药和化学合成制剂种植的水稻，对水质、空气、土壤要求不太严格。

绿色水稻，是指严格控制使用或不使用任何有害化学合成物质种植的水稻；对水质、空气、土壤有要求。

有机水稻，是指禁止使用任何有害化学合成物质种植的水稻；对空气、水质、土壤、加工要求非常严格。

36. 什么是水稻三减一增技术？

第一减水稻播种量，第二减水稻施肥量，第三减农药施用量；一增：增加生物菌剂用量。

37. 稻谷产生裂纹的原因有哪些？

（1）水稻在收获以前产生裂纹

水稻在收获前，稻谷在田间自然存放，从一个相对湿度低的环境转到相对湿度高的环境时，由于吸收水分而产生裂纹。在田间存放的一昼夜中，白天失去水分，到夜间吸收水分，这个变化过程就是裂纹产生的过程。

（2）水稻在收获后产生裂纹

谷物在收获时的含水率是不同的。收获后的稻谷在水分22%、温度为26.7℃的条件下，谷粒在堆放中产生相对湿度97%。低水分稻谷遇到大于自身相对湿度、温度高于给定温度条件时，便吸收水分以平衡环境的相对湿度，也就是吸湿而产生裂纹。高于安全水分的稻谷，在暂存、运输中普遍存在。

（3）稻谷在急速烘干以后产生裂纹

水稻干燥时，裂纹的产生同高速降水及一次干燥降水幅度太大有关。稻谷在烘干机中快速干燥，裂纹不是在稻谷受热时产生而是在干燥结束后的48小时产生。稻谷在受热之后存在着水分梯度和温度梯度。高速降水和一次降水幅度太大都是引起水分梯度和温度梯度的主要原因，急速干燥后，稻谷表面与中心之间的水分差值大，水分梯度大；温度梯度也是产生裂纹的原因，但是与水分梯度相比，水分梯度的作用大于温度梯度。

随着水稻收获机械化技术的加速推广，我省的干燥机械化技术步伐既快又大，大大减少了水稻收获后因不能及时干燥而霉变造成的损失，同时解决不少稻农在公路上晾晒稻谷影响交通安全的问题。

38. 黑龙江省水稻审定品种介绍

（1）五优稻1号

选育单位：五常市种子公司、黑龙江省农业科学院第二水稻所。

品种来源：五常市种子公司、黑龙江省农业科学院第二水稻所从"松88-11"品系变异个体经系选育成。原代号：五龙93-8。1999年经黑龙江省农作物品种审定委员会审定推广。

特征特性：生育日数143天左右，需活动积温2750℃。株高97厘米，穗长22厘米左右，每穗粒数120粒左右，千粒重25克。颖壳淡黄，粒型

较长，偶有淡黄色芒，叶绿色，剑叶上举，抽穗集中，后熟快，活秆成熟。苗期耐冷性强，分蘖力强而且集中，长势旺，田间抗稻瘟病性强，比较耐肥，秆强抗倒。糙米率73.3%、整精米率68.2%、垩白大小12.0%、垩白米率2.8%、垩白度0.3%、碱消值6.8级、胶稠度61.3毫米，含直链淀粉17.21%、蛋白质7.62%。米粒青白透明，味道香美，市场竞争力强。

产量表现：1995～1996年区域试验平均公顷产量7663.3公斤，比对照品种"松粳2号"平均增产2.8%；1997～1998年生产试验平均公顷产量8895.9公斤，比对照品种"松粳2号"平均增产12.5%。

栽培要点：适宜自然水旱育稀植栽培，播种期4月上旬播种育苗，每平方米播湿种200～300克；插秧期5月中旬，秧龄35～40天，插秧规格30×20厘米，每穴3～4株为宜。每公顷施30%三元素复合肥，翻地前施入100公斤，结合耙地再施入100公斤，插秧7～10天时，每公顷施硫酸铵100公斤，插秧后19天左右，每公顷再施硫酸铵100公斤，第三次追肥于7月15日左右，追硫酸钾75公斤/公顷，以促进子粒饱满，提高糙米率。

适应区域：黑龙江省第一积温带上限地区插秧栽培。

（2）五优稻2号

选育单位：黑龙江省五常市种子公司。

品种来源：黑龙江省五常市种子公司在"新泻37号"品种繁殖田中选择变异株，经系谱法选育而成。原代号：五962。2001年经黑龙江省农作物品种审定委员会审定推广。

特征特性：粳稻，生育日数135～137天左右，需活动积温2778.6℃。株高85.1厘米，穗长17.3厘米，每穗粒数96粒左右，千粒重25.12克，分蘖中等偏上水平。1999～2000年人工接种苗瘟5～8级、叶瘟5～6级、穗颈瘟3级，自然感病苗瘟5～8级、叶瘟4～6级、穗颈瘟3级，抗性强于对照。糙米率82.56%、精米率74.2%、整精米率73.1%、长宽比1.7、垩白大小6.7%、垩白米率4.5%、垩白度0.3%、碱消值7.0级、胶稠度77.5毫米，含直链淀粉15.83%、粗蛋白7.66%。米质食味好。

产量表现：1998～1999年区域试验平均公顷产量8063.0公斤，比对照品种"松粳 2 号"平均增产 2.7%；2000 年生产试验平均公顷产量 9563.8 公斤，比对照品种"松粳 2 号"平均增产 7.25%。

栽培要点：播前晒种 2~3 天，然后用"施保"或"浸种灵"浸种 5~7 天，直接催芽或播种，采用大棚盘育苗，播量 250~300 克/平方米，在 4 月 15 日以前播完，5 月 20 日前移栽。插秧规格采用 9×13~20，每穴 2~3 株。施肥：在农家肥不充足条件下，施用水稻专用肥 375~400 公斤/公顷作底肥；6 月 7 日以前施硫铵 100~125 公斤/公顷，在 7 月 10 日以前追施硫酸钾 50~75 公斤/公顷，尿素 30~45 公斤/公顷，同时用 20% 三环唑可湿性粉剂，每公顷 1.5 公斤加水 500 公斤喷雾防治稻瘟病。

适应区域：黑龙江省第一积温带。

（3）五优稻 3 号

选育单位：五常市龙凤山长粒香水稻研究所、五常市种子公司

品种来源：五常市龙凤山长粒香水稻研究所、五常市种子公司在"五优稻 1 号"变异株系选育成。原代号：五优 C 稻。2005 年经黑龙江省农作物品种审定委员会审定推广。

特征特性：粳稻，生育日数 138 天，从出苗到成熟需活动积温 2550℃。株高 92~95 厘米，穗长 17 厘米，平均每穗粒数 100 粒，千粒重 25.5 克。主茎 12 片叶，株形收敛，剑叶上举，叶片清秀，子粒偏长粒，颖尖无芒。糙米率 81.4%~83.2%、精米率 73.3%~74.9%、整精米率 71.3%~73.4%、粒长 5.4~5.6 毫米、粒宽 2.7~2.9 毫米、长宽比 1.9~2、垩白大小 2.5%~6.1%、垩白米率 3.5%~14%、垩白度 0.1%~0.8%、胶稠度 62.5~72.5 毫米、碱消值 7 级、含直链淀粉（占干重）16.1%~19.2%、粗蛋白质 7.12%~8.9%，食味：80~88 分。接种鉴定：苗瘟 1~5 级，叶瘟 1~3 级，穗颈瘟 1~5 级；自然感病：苗瘟 0~5 级，叶瘟 3 级，穗颈瘟 3 级。

产量表现：2001~2002 年区域试验平均公顷产量 7507.7 公斤，比对照品种"牡丹江 25"增产 5.3%；2003 年生产试验平均公顷产量 7886.1 公斤，比对照品种"垦稻 10"增产 12.6%。

栽培要点：4月上、中旬播种，播种量湿子每平方米300~350克，秧龄30~35天，5月中旬移栽。采用旱育稀植的方法，栽培密度行株距33.0×18.5厘米，每穴2~3苗。中等肥力地块，每公顷施纯氮肥不能超过85公斤，底肥用三元素复合肥，追肥用硫酸铵，7月15日以前追施硫酸钾75~100公斤。在分蘖盛期及抽穗前、齐穗后喷药防止稻瘟病发生，灌水以浅水层为主，8月25日以前停灌，9月中旬收获。浸种时要较其他品种延长3天时间，以促进苗齐、苗壮。

适应区域：黑龙江省第二积温带上限。

（4）五优稻4号（稻花香2号）

特征特性：粳稻品种，主茎15片叶，株高105厘米左右，穗长21.6厘米左右，每穗粒数120粒左右，千粒重26.8克左右。品质分析结果：出糙率83.4%~84.1%，整精米率67.1%~67.9%，垩白粒米率0，垩白度0，直链淀粉含量（干基）17.3%~17.6%，胶稠度76.0~79.0毫米，食味品质87~88分。在适应区出苗至成熟生育日数147天左右，较对照品种"五优稻1号"晚1~2天，需≥10℃活动积温2800℃左右（第一积温带）15叶片。

产量表现：2006~2007年区域试验平均公顷产量7687.5千克，较对照品种五优稻1号增产5.9%；2008年生产试验平均公顷产量8045.1千克，较对照品种五优稻1号增产6.4%。

栽培要点：4月1~15日播种，5月5~20日插秧。插秧规格为33×18.5厘米左右，每穴2~3株。中上等肥力地块，底肥、返青肥、分蘖肥施纯氮85~90公斤/公顷，氮:磷:钾=2:1:1.5。插秧后，结合田间除草追施速效氮肥，促进分蘖，田间水层管理，干湿交替进行，孕穗期深水灌溉，成熟后及时收获。

注意事项：该品种熟期晚，抗冷性不强，生产上应抢前抓早，早育苗、育壮苗，减少氮肥，增施磷钾肥，注意防止在孕穗期发生障碍性冷害。

适宜区域：第一积温带平原地区

（5）松粳3号

选育单位：黑龙江省农业科学院第二水稻研究所。

品种来源：黑龙江省农业科学院第二水稻研究所以"辽粳5号"为母本，"合江20"为父本杂交育成。原代号：松88-11。1994年经黑龙江省农作物品种审定委员会审定推广。

特征特性：生育日数140~145天。需活动积温2650℃左右。株高85厘米左右。穗直立，糙米率83%、精米率74.7%、整精米率71.1%、垩白度1%、胶稠度70.0毫米，含蛋白质8.85%、直链淀粉16.78%。耐肥、抗倒伏、抗稻瘟。

产量表现：1991~1992年区域试验平均公顷产量8919.9公斤，比对照品种"下北"增产15.6%；1993年生产试验平均公顷产量8687.92公斤，比对照品种"下北"增产12.8%。

栽培要点：可选择较肥地块种植。播种期4月中旬，每平方米播干种300克左右。插秧期为5月15~25日，插秧后浅灌水，插秧株距为30×（10~13）厘米，每穴3~4株，每公顷施尿素250~300公斤、二铵100~130公斤、钾肥50~75公斤。

适应区域：黑龙江省第一积温带。

（6）松粳5号

选育单位：黑龙江省农业科学院第二水稻研究所。

品种来源：黑龙江省农业科学院第二水稻研究所以"辽粳87-675"为母本，"通5307"为父本杂交后代经系谱法选育而成。原代号：松96-2。2002年经黑龙江省农作物品种审定委员会审定推广。

特征特性：粳稻，生育日数140天左右，需活动积温2650℃~2750℃。株高92.3厘米，穗长14.8厘米，每穗粒数117.9粒，千粒重25.8克。分蘖力强，耐盐碱，抗倒伏。2000~2001年人工接种鉴定苗瘟6级、叶瘟3~5级、穗颈瘟3级，自然感病苗瘟5级，叶瘟3级、穗颈瘟3级，抗性强于对照。糙米率81.4%、精米率73.3%、整精米率70.1%、长宽比1.5、垩白大小7.2%、垩白米率10.1%、垩白度1.5%、碱消值3.7级、胶稠度

73.3 毫米，含直链淀粉 15.9%、粗蛋白 8.14%。

产量表现：1999~2000 年区域试验平均公顷产量 8867.8 公斤，比对照品种"松粳 2 号"平均增产 11.7%；2001 年生产试验平均公顷产量 8671.35 公斤，比对照品种"松粳 2 号"平均增产 10.57%。

栽培要点：适时早育苗，早移栽，一般 4 月 10 日育苗，5 月 10~20 日移栽。插秧规格一般为 33×17 厘米或 33×20 厘米，每穴 2~3 株。该品种分蘖力强，秆强抗倒，适于中上等肥力或低洼地块种植，一般公顷施纯 N150 公斤，N：P：K=3：1：1。

适应区域：黑龙江省第一积温带上限插秧栽培。

（7）松粳 6 号

选育单位：黑龙江省农业科学院第二水稻研究所。

品种来源：黑龙江省农业科学院第二水稻研究所以"辽粳 5 号"为母本，"合江 20"为父本杂交后代经系谱法选育而成。原代号：松 97-98。2002 年经黑龙江省农作物品种审定委员会审定推广。

特征特性：粳稻，生育日数 135 天左右，需活动积温 2500℃~2600℃。株高 95~100 厘米，穗长 16.9 厘米，每穗粒数 112 粒，千粒重 26.5 克。分蘖力强，活秆成熟。2000~2001 年人工接种鉴定苗瘟 6 级、叶瘟 5~6 级、穗颈瘟 3 级，自然感病苗瘟 6 级、叶瘟 3 级、穗颈瘟 3 级，抗性强于对照品种。糙米率 82.3%、精米率 74.1%、整精米率 67.7%、长宽比 1.9、垩白大小 9.2%、垩白米率 6.5%、垩白度 0.5%、碱消值 7.0 级、胶稠度 77.8 毫米、含直链淀粉 17.5%、粗蛋白 7.5%。

产量表现：2000~2001 年区域试验平均公顷产量 8031.91 公斤，比对照品种"牡丹江 19"平均增产 12.46%；2001 年生产试验平均公顷产量 7935.6 公斤，比对照品种"牡丹江 19"平均增产 14.1%。

栽培要点：适于旱育稀植，适时早育苗，早移栽，一般 4 月 15 日育苗，5 月 15~25 日移栽。插秧规格一般为 33×20 厘米或 30×20 厘米，每穴 2~3 株。该品种分蘖力强，中抗倒伏，一般公顷施氮 120 公斤，N：P：K=3：2：2。

适应区域：黑龙江省第二积温带。

（8）松粳9号

选育单位：黑龙江省农业科学院第二水稻研究所。

品种来源：黑龙江省农业科学院第二水稻研究所以"松93-8"为母本，"通306"为父本杂交，系谱法选育而成。原代号：松98-122。2005年经黑龙江省农作物品种审定委员会审定推广。

特征特性：粳稻，生育日数138~140天，从出苗到成熟需活动积温2650℃。株高95~100厘米左右，穗长20厘米，平均每穗粒数120粒，千粒重25克，株型收敛，叶色深绿，活秆成熟。分蘖力中上，米粒细长，稀有芒。糙米率82.8%~84.4%、精米率74.5%~76.7%、整精米率71.3%~73.5%、粒长5~5.5毫米、粒宽2.6~2.8毫米、长宽比1.9~2、垩白大小4.2%~11.9%、垩白米率3%~5%、垩白度0.1%~0.4%、直链淀粉（占干重）18.2%~20.5%、胶稠度70.3~79毫米、碱消值7级、粗蛋白质7.73%~8.3%、食味82~85分。接种鉴定：苗瘟5级，叶瘟1级，穗颈瘟0~1级。自然感病：苗瘟0级，叶瘟1~3级，穗颈瘟3级。耐冷性鉴定：处理空壳率13.29%，自然空壳率2.07%。

产量表现：2002~2003年区域试验平均公顷产量7966.0公斤，比对照品种"藤系138"增产3.4%；2004年生产试验平均公顷产量8135.5公斤，比对照品种"藤系138"增产6.4%。

栽培要点：4月10~20日播种，5月15~25日插秧。适于旱育稀植，插秧规格一般为30×20厘米或33.3×20厘米，每穴2~3苗。公顷施纯氮120~150公斤，N∶P∶K＝3∶2∶2，选择地势平坦的肥沃地块种植。适时早育苗，早插秧。底肥施入氮肥的一半、磷肥的全部、钾肥的一半，其余氮、钾肥作追肥。除作业用水外，采用浅水灌溉。及时施药除草。9月25~30日收获。

适应区域：黑龙江省第一积温带。

（9）松粳10号

选育单位：黑龙江省农业科学院第二水稻研究所。

品种来源：黑龙江省农业科学院第二水稻研究所以"辽粳5号"为母本，"合江20"为父本杂交系谱法选育而成。原代号：松98-133。2005年经黑龙江省农作物品种审定委员会审定推广。

特征特性：粳稻，生育日数137天，从出苗到成熟需活动积温2450℃~2500℃。株高95厘米左右，穗长18厘米，平均每穗粒数95粒，千粒重26克，叶色深绿，活秆成熟。分蘖能力中上，米粒细长，稀有芒。品质分析结果：糙米率81.3%~82.9%、精米率73.2%~74.6%、整精米率69.7%~74.3%、粒长5~5.3毫米、粒宽2.8~3毫米、长宽比1.8、垩白大小5.2%~21.4%、垩白米率1%~5.5%、垩白度0.2%~0.6%、胶稠度71.3~82.8毫米、碱消值7级、含直链淀粉（占干重）18.5%~20.2%、粗蛋白质6.8%~8.1%、食味81~86分。接种鉴定：苗瘟1~3级，叶瘟1级，穗颈瘟3级；自然感病：苗瘟0级，叶瘟3级，穗颈瘟1~3级。耐冷性鉴定：处理空壳率14.98%，自然空壳率3.94%。

产量表现：2002~2004年区域试验平均公顷产量7101.6公斤，比对照品种"东农416"增产3.8%；2004年生产试验平均公顷产量7742.1公斤，比对照品种"东农416"增产5.8%。

栽培要点：4月15~20日播种，5月15~25日插秧。适于旱育稀植，插秧规格一般为30×16.7或33.3×16.7，每穴2~3苗。公顷施纯氮120公斤，N∶P∶K=3∶2∶2，选择地势平坦的中等肥力地块种植。适时旱育苗，早插秧。底肥施入氮肥的一半、磷肥的全部、钾肥的一半，其余氮、钾肥作追肥。除作业用水外，采用浅水灌溉。及时施药除草。9月20~25日收获。该品种吸水较慢，播种前较其他品种要多浸种1~2天。

适应区域：黑龙江省第二积温带。

（10）绥粳4号

选育单位：黑龙江省农业科学院绥化农科所、绥化市优特水稻综合开发研究所。

品种来源：黑龙江省农业科学院绥化农科所、绥化市优特水稻综合开发研究所1985年以"莲香一号×（R12-34-1）F2"为母本，"松前×吉黏

2 号" F5 为父本杂交育成。原代号：绥香粳 9230。1999 年经黑龙江省农作物品种审定委员会审定推广。

特征特性：香粳品种，生育日数 134 天，比对照"东农 416"晚 2 天，需活动积温 2540℃。株高 95 厘米，穗长 17.6 厘米，千粒重 27.7 克，穗粒数 98 粒，有短芒，空瘪率 5%，幼苗生长健壮，田间抗稻瘟病性好，耐寒性强，秆强抗倒，耐盐碱。糙米率 84%，无垩白，有光泽，米质优。

产量表现：1995~1996 年区域试验平均公顷产量 7253.4 公斤，与对照品种"东农 416"相当；1997~1998 年生产试验平均公顷产量 8162.4 公斤，平均增产 5.9%。

栽培要点：4 月中、下旬播种育苗，5 月中旬插秧。插秧规格为 26×13 厘米或 26×10 厘米，每穴 3~4 株，每公顷施优质农肥 15000 公斤、二铵 100 公斤、尿素 200 公斤。该品种喜肥水，适应性强，丰产性好，从苗期到成熟期植株都会有一种特殊的香味。收获种子时一定要在霜前收割，勤晾晒，及时脱粒。

适应区域：黑龙江省第二积温带插秧栽培。

(11) 绥粳 7 号

选育单位：黑龙江省农业科学院绥化农科所。

品种来源：黑龙江省农业科学院绥化农科所 1992 年以"牡丹江 19"为母本，"绥 93-6032"为父本在杂交后代中利用系谱法选育而成。原代号：绥 98-199。2004 年经黑龙江省农作物品种审定委员会审定推广。

特征特性：粳稻，生育日数 135 天，从出苗到成熟需活动积温 2532℃。株高 96 厘米，穗长 17.5 厘米，平均穗粒数 87 个，千粒重 26.9 克。长粒型，无芒，稃尖无色，散穗，活秆成熟，分蘖力较强，抗倒性中等。糙米率 75.5%~82.3%、精米率 68%~74.1%、整精米率 59.9%~73.3%、粒长 5.3~5.4 厘米、粒宽 2.7~3.0 毫米、长宽比 1.8~2.2、垩白大小 5.5%~7.1%、垩白米率 1%~6%、垩白度 0.1%~0.4%、胶稠度 70.2~82.5 毫米、碱消值 7 级、含直链淀粉（占干重）18.01%~20.5%、粗蛋白 6.91%~9.34%。接种鉴定：苗瘟 3~7 级，叶瘟 1~5 级，穗颈瘟 1

~7 级；自然感病：苗瘟 0~6 级，叶瘟 3~5 级，穗颈瘟 3 级。

产量表现：2001~2002 年区域试验平均公顷产量 7451.0 公斤，比对照品种"牡丹江 25"增产 5.7%；2003 年生产试验平均公顷产量 7383.5 公斤，比对照品种"垦稻 10"增产 10.4%。

栽培要点：播种期 4 月上、中旬，播种量为每平方米 200~250 克，插秧期为 5 月中、下旬。适宜旱育稀植栽培，插秧密度为 30×13 厘米或 27×13 厘米，每穴 3~4 苗。中等肥力条件下，每公顷施纯氮 150 公斤、纯磷 70 公斤、纯钾 30 公斤。氮肥的 40%、磷肥全部和钾肥的 50% 作底肥，其余作追肥施用。增施农家肥，氮磷钾配合施用。浅水灌溉，对病虫草害进行综合防治。成熟后及时收获。

适应区域：黑龙江省第二积温带。

(12) 绥粳 18

选育单位：黑龙江省农业科学院绥化分院。

品种来源：2000 年，以绥粳 4 号为母本，绥粳 3 号为父本有性杂交，系普法选育而成，2007 年决选，代号绥锦 07783。2014 年，经黑龙江省农作物品种审定委员会审定推广，审定编号为黑审稻 2014021。具有自主知识产权，品种权号 CNA20131182.9。

特征特性：在适应区出苗至成熟生育日数 134 天左右，需 ≥10℃ 活动积温 2450℃ 左右。该品种主茎 12 片叶，长粒型，株高 104 厘米左右，穗长 18.1 厘米左右，每穗粒数 109 粒左右，千粒重 26.0 克左右。出糙率 80.9%~82.2%，整精米率 67.2%~72.3%，垩白粒米率 4.0%~10.0%，垩白度 0.8%~2.6%，直链淀粉含量（干基）17.67%~19.11%，胶稠度 70.0~73.0 毫米，达到国家《优质稻谷》标准二级。三年抗病接种鉴定结果：叶瘟 1~3 级，穗颈瘟 1 级。三年耐冷性鉴定结果：处理空壳率 4.94%~8.59%。

产量表现：2011~2012 年区域试验平均公顷产量 8458.0 千克；2013 年生产试验平均公顷产量 7987.1 千克。

栽培要点：播种期 4 月 5 日，插秧期 5 月 15 日，秧龄 35 天左右，插秧规格为 30×10 厘米，每穴 3～5 株。一般公顷施纯氮 95 千克，氮：磷：钾=2：1：1。基肥：蘖肥：穗肥：粒肥=4：3：2：1；基肥量：纯氮 38 千克，纯磷 46 千克，纯钾 26 千克；蘖肥量：纯氮 28 千克；穗肥量：纯氮 19 千克，纯钾 20 千克；粒肥量：纯氮 10 千克。旱育插秧栽培，浅湿干。成熟后及时收获。预防青枯病、立枯病、稻瘟病，预防潜叶蝇、二化螟。

适应区域：适宜在黑龙江省第二积温带种植。

（13）龙稻 6 号

选育单位：黑龙江省农业科学院栽培研究所。

品种来源：以牡交"96～1"为母本，以"上育 397"为父本杂交，系普法选育而成。原代号：哈 99-245。

特征特性：粳稻，主茎叶片 12 片，半棒状穗，株型收敛，株高 93 厘米，穗长 16 厘米，平均每穗粒数 92 粒，千粒重 26.5 克。品质分析结果：糙米率为 81.1%～85.1%、精米率为 73.8%～76.6%、整精米率为 57.5%～68.5%、粒长为 4.9～5.4 毫米、粒宽为 2.7～3.0 毫米、长/宽为 1.7～1.8、垩白大小为 4.8%～7.1%、垩白米率为 1.0%～7.5%、垩白度为 0.1%～0.4%、碱消值为 7.0 级、胶稠度为 71.3～81.3 毫米、直链淀粉含量（干重）为 17.75%～19.53%、粗蛋白质为 6.56%～8.39%、食味评分为 79～88分。接种鉴定：苗瘟 1～5 级、叶瘟 1 级、穗颈瘟 5 级；自然感病：叶瘟 3～5 级、穗颈瘟 3～5 级。耐冷性鉴定：处理空壳率 17.32%～18.56%、自然空壳率 0.57%～6.05%，生育日数 134 天，比对照品种东农 416 略早，从出苗到成熟需活动积温 2450℃。

产量表现：2003～2004 年区域试验平均公顷产量 6712.2 公斤，较对照品种东农 416 增产 3.6%；2005 年生产试验平均公顷产量 7521.4 公斤，较对照品种东农 416 增产 5.5%。

栽培要点：插秧规格为 30×13 厘米和 26×13 厘米。播种期 4 月 10～20日；育苗期为 4 月 10 日～5 月 20 日；插秧期为 5 月 15～25 日。在培育壮苗的基础上，增施农家肥，氮磷钾配合施用。每公顷施纯氮 120 公斤，纯磷 70 公斤，纯钾 50 公斤，氮肥的一半，磷肥的全部，钾肥一半做底肥施

入，其余作为追肥施用。施足底肥，提早追肥。浅灌水，抢前施药除草。9月20~30日收获。该品种温光反应较敏感，注意预防早穗的发生。

适应区域：黑龙江省第二积温带上限。

（14）龙稻7号

选育单位：黑龙江省农业科学院栽培研究所。

品种来源：在五优稻1号变异株中系选育成。原代号：哈02-220。

特征特性：粳稻，株高95厘米，穗长18厘米，平均每穗粒数95粒，千粒重26.5克。品质分析结果：糙米率为81.3%~83.2%、精米率为73.2%~74.9%、整精米率为69.8%~72.5%、粒长为5.0~5.5毫米、粒宽为2.7~2.9毫米、长/宽为1.9、垩白大小为7.1%~11.4%、垩白米率为1.0%~5.0%、垩白度为0.1%~1.5%、碱消值为7级、胶稠度为71~82.8毫米、直链淀粉含量（干重）为16.4%~18.5%、粗蛋白质为6.2%~7.1%、食味评分为77~90分。接种鉴定：苗瘟3~5级、叶瘟1~3级、穗颈瘟5级；自然感病：叶瘟4~5级、穗颈瘟3级。耐冷性鉴定：处理空壳率11.01%~28.84%，自然空壳率1.2%~2.7%，生育日数137天，与对照品种垦稻10号同熟期。从出苗到成熟需活动积温为2500℃。

产量表现：2003~2004年区域试验平均公顷产量7585.2公斤，较对照品种垦稻10号增产6.6%；2005年生产试验平均公顷产量8100.2公斤，较对照品种垦稻10号增产10.1%。

栽培要点：插秧规格为30×13厘米和26×13厘米。播种期4月10日~20日；育苗期为4月10日~5月20日；插秧期为5月15~25日。在培育壮苗的基础上，增施农家肥，氮磷钾配合施用。每公顷施纯氮120公斤，纯磷70公斤，纯钾50公斤，氮肥的一半，磷肥的全部，钾肥一半做底肥施入，其余作为追肥施用。施足底肥，提早追肥。浅灌水，抢前施药除草。9月20~30日收获。注意一定不要单一或过量施用氮肥。

适应区域：黑龙江省第二积温带上限。

（15）龙糯2号

选育单位：黑龙江省农业科学院水稻研究所。

品种来源：黑龙江省农业科学院水稻研究所1986年以"合良682"与"BL7"的F1为母本、龙粳1号为父本杂交选育而成。原代号：品鉴-1。2003年经黑龙江省农作物品种审定委员会审定推广。

特征特性：粳稻，生育日数130～133天，从出苗到成熟需活动积温2350℃～2400℃。出苗快，苗期壮，长势强。分蘖中等，茎秆粗壮，主蘖穗整齐，出穗较一致。主茎叶片12叶，株高85～90厘米，株型收敛，剑叶上举，分蘖中等。着粒均匀，平均穗粒数95粒，谷粒椭圆、秆黄色，千粒重27.5克。品质分析结果：糙米率81.8%、精米率73.5%、整精米率68.1%、糯性好、粗蛋白7.93%。2000～2002年人工接种苗瘟5级，叶瘟5～7级、穗颈瘟5级，自然感病苗瘟5～7级，叶瘟3～5级、穗颈瘟3～5级。

产量表现：2000～2001年区域试验平均公顷产量7057.3公斤，比对照品种增产5.17%；2002年生产试验平均公顷产量7156公斤，比对照品种增产9.33%。

栽培要点：4月中、上旬播种，中棚或大棚育苗，旱育苗每平方米播芽种250～350克，秧龄30～35天，5月中、下旬插秧。适于旱育稀植栽培，插秧密度30×10厘米，每穴2～4株丛栽。中等肥力地块每公顷施尿素100公斤、磷酸二铵100公斤、硫酸铵100公斤、氯化钾100公斤。正常田间管理，8月末停灌，9月中、下旬收获。

适应区域：黑龙江省第二积温带下限、第三积温带上限插秧栽培。

（16）龙粳31

品种审定编号：黑审稻201100

品种名称：龙粳31。原代号：龙花01-687

选育单位：黑龙江省农业科学院佳木斯水稻研究所

品种来源：以龙花96-1513为母本，垦稻8号为父本，接种其F1花药离体培养，后经系谱方法选育而成。

特征特性：粳稻品种。主茎11片叶，株高92厘米左右，穗长15.7厘米左右，每穗粒数86粒左右，千粒重26.3克左右。品质分析结果：出糙率 81.1%~81.2%，整精米率 71.6%~71.8%，垩白粒米率 0.0%~2.0%，垩白度 0.0%~0.1%，直链淀粉含量（干基）16.89%~17.43%，胶稠度 70.5 毫米~71.0 毫米，食味品质 79~82 分。接种鉴定结果：叶瘟 3~5 级，穗颈瘟 1~5 级；耐冷性鉴定结果：处理空壳率 11.39%~14.1%。在适应区出苗至成熟生育日数 130 天左右，需≥10℃活动积温 2350℃左右。

产量表现：2008~2009 年区域试验平均公顷产量 8165.4 千克，较对照品种空育 131 增产 5.7%；2010 年生产试验平均公顷产量 9139.8 千克，较对照品种空育 131 增产 12.6%。

栽培要点：4 月 15~25 日播种，5 月 15~25 日插秧。插秧规格为 30×13.3 厘米左右，每穴 3~4 株。中等肥力地块公顷施尿素 200~250 千克，二铵 100 千克，硫酸钾 100~150 千克。花达水插秧，分蘖期浅水灌溉，分蘖末期晒田，后期湿润灌溉。成熟后及时收获。

注意事项：注意氮、磷、钾肥配合施用，及时预防和控制病、虫、草害的发生。

适应区域：黑龙江省第三积温带上限。

（17）东农糯 418 号

选育单位：东北农业大学农学院。

品种来源：东北农业大学农学院以"合江 23×秋光"为母本，"吉黏 2 号"为父本有性杂交育成。原代号：东农 88-03。1994 年经黑龙江省农作物品种审定委员会审定推广。

特征特性：从出苗到成熟 138~141 天，需活动积温 2581℃。株高 80 厘米多，分蘖力中等。品质分析结果：含蛋白质 9.37%、直链淀粉 1.33%、糙米率 84.0%、精米率 75.6%、胶稠度 93.25 毫米，抗倒伏、抗稻瘟病。

产量表现：1991~1992 年区域试验平均公顷产量 7762.8 公斤，比对照品种"龙糯 1 号"增产 8.4%；1993 年生产试验年均公顷产量 8101.7 公斤，比对照品种"龙糯 1 号"增产 9%。

栽培要点：早育苗，4 月中下旬播种，播种量每平方米湿种 300 克，5

月 20 日~5 月末插秧。插后浅灌促进早分蘖，插秧行株距 30×10 厘米，每穴插 2~3 苗，公顷产量 7500 公斤以上时本田施底肥，适应区域第一积温带及第二积温带上限。尿素 100~175 公斤、二铵 100~125 公斤、硫酸钾 50~75 公斤。追肥尿素 50~75 公斤，防止单施过量氮肥，磷钾应配合施用，以防稻瘟病发生。

适应区域：黑龙江省第一积温带及第二积温带上限。

（18）垦稻 12

选育单位：黑龙江省农垦科学院水稻研究所。

品种来源：以"垦稻 10 号"为母本，以"垦稻 8 号"为父本杂交，系谱法选育而成。原代号：垦 99-34

特征特性：粳稻，株高 96.2 厘米，穗长 18.6 厘米，每穗粒数 84.5 粒，千粒重 26.9 克。品质分析结果：糙米率 81.9%~82.9%、整精米率 69.2%~73.8%、垩白米率 0~8.0%、直链淀粉 18.1%~19.7%、胶稠度 72~79.2 毫米、粗蛋白质 6.3%~8.7%、食味评分 80~86。接种鉴定：苗瘟 5 级，叶瘟 1 级，穗颈瘟 5 级；自然感病：苗瘟 1 级，叶瘟 3 级，穗颈瘟 3 级。耐冷性鉴定：处理空壳率 7.5%；自然空壳率 1.8%。生育日数 133 天，较对照品种东农 416 早 1 天。从出苗到成熟需活动积温为 2400℃。

产量表现：2005 年生产试验平均公顷产量 7764.2 公斤，较对照东农 416 增产 9.0%。

栽培要点：4 月 15~25 日播种，5 月 15~25 日插秧。适宜旱育稀植插秧栽培，插秧规格 30×13 厘米，每穴 3~4 株。注意事项：多施磷钾肥，水层管理前期浅水灌溉，后期间歇灌溉。

适应区域：黑龙江省第二积温带。

（19）普黏 7 号

选育单位：穆棱市水稻育种研究所。

品种来源：穆棱市水稻育种研究所以"吉粳 53 号"为母本，"普黏 1 号"为父本有性杂交育成。1992 年经黑龙江省农作物品种审定委员会审定推广。

特征特性：子粒椭圆形，无芒，颖尖均为黄色，千粒重 24 克左右，米色为乳白色。蛋白质平均含量 10.02%，直链淀粉含量 0.45%，胶稠度 10 毫米，糙米率 82%。穗长 14~16 厘米，结粒紧凑，每穗平均粒数 85 粒左右。株高 80~85 厘米，在高肥水条件下可达 90 厘米，株型收敛，主蘖较齐，耐肥、秆强，抗倒伏，分蘖中上等，活秆成熟。生育日数及所需活动积温，直播生育日数 113~118 天，插秧生育日数 123~127 天，需活动积温 2162.7~2276.6℃。苗期较耐寒，能抗障碍性冷害，抗稻瘟病，人工接种叶瘟 2~5 级，穗颈瘟 1~5 级，田间自然发病极轻。

产量情况：1989~1990 年试点平均公顷产 6289.9 公斤，比对照品种牡粘 3 号增产 9.65%；1991 年试点平均公顷产 6131.3 公斤，比对照品种牡粘 3 号增产 9.7%。

栽培要点：直播期 5 月 8~15 日，插秧育苗 4 月 20 日左右，插秧期 5 月 20~25 日为宜。直播每公顷播种量 200~225 公斤，插秧密度 27×10 厘米或 30×10 厘米，每穴插 3~4 株。该品种较耐肥，适宜中上等肥力地区栽培。一般全生育期每公顷追施尿素 250~300 公斤。

适应地区：适应省内第二积温带下限和第三积温带插秧栽培。

（20）莎莎妮

引种单位：黑龙江省方正县种子公司、黑龙江省农业科学院绥化农业科学研究所。

品种来源：从国外引入。原代号：莎莎妮。

特征特性：粳稻，株高 95~100 厘米，穗长 17 厘米。品质分析结果：糙米率为 81%~81.4%、精米率为 72.9%~73.3%、整精米率为 69.7%~71.1%、长宽比为 1.9、垩白大小 7.1%、垩白米率 1.5%、垩白度 0.1%、碱消值 7.0 级、胶稠度 77.5~82.5 毫米、直链淀粉含量 16.05%~18.48%、粗蛋白 7.01%~7.06%。食味评分 82~91 分。接种鉴定：苗瘟 1 级，叶瘟 1 级，穗颈瘟 3 级；自然感病：叶瘟 5 级，穗茎瘟 3 级。耐冷性鉴定：处理空壳率 11.23%、自然空壳率 0%。生育日数 133 天，较对照品种东农 416 晚 1~2 天。从出苗到成熟需活动积温为 2450~2500℃。

产量表现：2002~2003年产量鉴定试验平均公顷产量7674.5公斤，较对照品种东农416平均增产6.1%；2004~2005年生产试验平均产量7739.1公斤，较对照品种东农416平均增产5.6%。

栽培要点：4月中旬播种育苗，5月中、下旬插秧。适宜旱育稀植插秧栽培；插秧规格：30×13.3厘米~30×18厘米，每穴插2~4苗。施肥水平：一般地力，每公顷施磷酸二铵150公斤，尿素80公斤，硫酸钾50公斤做底肥；返青、分蘖期每公顷追尿素120~150公斤。拔节前追钾肥50公斤。培育壮秧，适时移栽。增施农家肥培肥地力。水层管理应采用浅湿干交替管理，并及时晾田或烤田，消灭草荒，适时收获，减少田间损失。增施磷钾肥，后期少施氮肥，防止倒伏，力创高产。

适应区域：黑龙江省第三积温带。

（21）中科发5号

针对东北稻区的特点和生产需求，中国科学院遗传与发育生物学研究所李家洋研究组与中国水稻所钱前研究组、北方粳稻中心张国民研究组合作，以稻米优良品质相关基因、高产基因和抗稻瘟病基因为主线，利用分子设计育种新技术，经过精心分析和设计，育成高产、优质、抗逆性强、适宜东北稻区和西北稻区种植的"中科发5号"和"中科发6号"新品种。

"中科发5号"（国审稻20180077）具有高产、优质、多抗、分蘖强、灌浆速度快、适应性广等优点。在2016年和2017年的国家北方早粳晚熟组区域试验中，两年区域试验平均亩产688.84千克，比对照吉玉粳增产9.32%；2017年生产试验，平均亩产653.68千克，比对照吉玉粳增产14.86%。全生育期150天，比对照吉玉粳稍晚熟；米质主要指标：整精米率70.1%，垩白粒率6.0%，垩白度1.8%，直链淀粉含量16.1%，胶稠度70毫米，长宽比3.0，达到部颁优质二级米；抗性：稻瘟病综合指数两年分别为2.0和2.4，穗颈瘟损失率最高级5级。"中科发5号"于2018年6月通过国家品种审定委员会审定，并在农业农村部第65号进行公告。遗传发育所为该品种的选育单位，研究员刘贵富为该品种第一选育人。

第二章　水稻培育壮秧

39. 如何选择水稻秧田?

本着确保旱育、便于管理、利于培育壮秧、方便运苗等原则,选择地势平坦、背风向阳、排水良好、有水源条件、土壤偏酸、肥沃且无农药残毒的旱田地育秧或庭院育秧,按水田面积的1/80~1/100,留设比较集中的旱育秧田地;没有旱田的纯水田区,可在水田中选高地,挖好截水、排水沟,建成确保旱育、高出地面50米以上的高台集中秧田。选定的秧田要常年固定、常年培肥地力、常年培养床土、常年积造有机肥。

40. 如何建造水稻育秧棚?

由于小棚棚型矮,覆盖容积小,昼夜温差大,保温性能差,防冻能力低,管理不方便,很难培育壮秧,因此,要逐渐淘汰小棚实现大中棚旱育秧。大中棚的建造材料有钢结构、竹木结构等。钢骨架大棚由于成本比较高,有条件的可以采用。竹木结构大棚由于用材广泛,成本低廉,便于推广应用。现以竹木结构大棚为例,介绍建棚方法。

(1) 大中棚的建造规格

大中棚一般为南北走向,目前采用的大中棚规格一般宽5.0~6.5米,拱高1.6~2.0米,以人能在棚内站立作业为宜,长度根据本田面积确定,边柱1.0米左右,边柱、立柱入土30~40厘米。立柱间隔要以春季风力大小、土质疏松情况定,一般为1.5~3.0米。中间步行道宽0.4~0.5米。竹弓长6.0米以上,使用时要去竹弓上的毛刺,并尽可能去掉立柱和棚条相接处的夹角,使之光滑。竹弓也可以用废旧膜或布条缠好,以免磨损农膜。

（2）扣棚方法

应在播前 10~15 天扣棚，增温解冻。棚膜应选用 0.08 毫米以上、耐低温、防老化的蓝色膜。其具体扣棚方法有 3 种：一是整幅扣法，以 6.0 米膜扣 4~6.0 米棚。优点是节省农膜，防风能力强，缺点是不便通风，要双侧开门；二是单开闭式，开闭缝在背风侧，两块农膜交叉重叠 30~60 厘米，大幅膜 6.0 米左右，小幅膜 2.0 米左右，重叠处距地面 1.0 米左右。优点是方便通风，便于管理，缺点是浪费农膜；三是脱裙子式，整幅农膜盖在顶部居中，两侧分别用开闭式，通风时将两侧重叠处农膜向上或向下拉，优点是方便管理。盖膜后要拉好防风绳，注意防风。为增强保温效果，还可以加盖草帘、棉被或遇有霜冻时在棚内生火增温；也可采用三膜覆盖，增加保温效果。即在大棚内做小床，小床上扣小棚（类似小棚育苗），苗床上再铺一层地膜，这种方法保温效果极好，一般可在早育苗或育大苗时采用。

41. 怎样备好合适的良种？依据什么原则搞好品种搭配？

种稻的目的是获取高产、优质的大米，那么，首先要选择好合适的良种。水稻品种具备以下几个条件才算优良品种。

（1）产量高而稳定。

（2）米质好，包括出米率高，营养成分高，胀性大，口味好。

（3）对不良环境有一定抵抗性，如抗旱、耐涝、耐寒、抗病、抗虫等。

（4）适合本地区栽培条件，植株适中，不倒伏，适合机械化要求。

（5）生育期适合要求，能完全抽穗，安全成熟。

品种搭配的原则是：根据本地区热量资源，保证能在安全齐穗期抽穗，安全成熟，高产稳产，优质；品种的安排大多要以中熟品种为主，有的是以中晚熟品种为主，适当搭配早熟、晚熟品种或中熟品种等；搭配品种一定要从本地区实际生产出发，依据常年热量资源条件、栽培水平、土质、水源、肥力等状况安排好品种，合理布局，统一安排，切记不能盲目引种，不能盲目扩大高产晚熟品种栽培面积。

42. 为什么强调不能用陈稻种做种?

良种育壮秧,好秧产量高,说明选用优良稻种的重要性。一般播种用的稻种,多数是上一年选留的种子。千万不能用陈年贮藏、年份太久或商品粮做种。用这样的水稻种子不仅发芽率低,发芽势也不强,播种后难以达到苗全,当然就不能育出壮秧。

43. 水稻选种的方法及注意事项有哪些?

包括风选、筛选和相对密度(比重)选。风选可以除去部分秕谷和质量较轻的夹杂物;筛选可以清除碎米粒、沙石等杂质;相对密度选可以进一步除去秕谷、病粒等。选种的种子达到饱满度均匀才能保证秧苗生长整齐一致。

风选和筛选可以在种子入库前或结合晒种进行,风选也可以用风车选或扬选;相对密度选要在浸种前进行,方法有盐水选和黄泥水选。

(1)盐水选:成熟饱满的种子发芽势强,幼苗发育整齐,成苗率高,因此用盐水选种十分必要。选种用盐水的相对密度一般为 1.10~1.13 克/立方厘米,方法是用 50 公斤水加大粒盐 12~12.5 公斤充分溶解后用新鲜鸡蛋测试,当鸡蛋横浮水面露出 1 角硬币大时即可。将种子放入盐水内,边放边搅拌,使不饱满的种子漂浮水面,捞出下沉的种子,用清水洗净种皮表面的盐水。每选一次,都需重新测试调整盐水相对密度,以保证选种质量。

(2)黄泥水选:取无杂质黄土 20 公斤加入 100 公斤水中,充分搅拌后用新鲜鸡蛋测相对密度(方法同盐水选),保证黄泥水的相对密度达到 1.10~1.13 克/立方厘米。把种子装在箩筐里浸入泥水中,均匀搅动,捞出漂在水面上的空秕粒后,提起箩筐,用清水冲净箩筐里的种子即可。多次选种时要重新测试泥水相对密度。这种方法适用于种子量较大、水源方便时使用。

相对密度(比重)选选种时要注意以下几点:一是操作要快。种子放入盐水或泥水中到捞出浮在上面秕谷的时间不应超过 3 分钟,浸泡时间长,轻的种子也会下沉；二是多次连续操作时要随时测定溶液浓度。相对密度降低时加盐或加黏土，使相对密度保持在 1.10~1.13；三是用泥水选种要不断用力搅动泥水防止泥浆沉淀；四是捞出用作种子的稻谷要用清水冲洗。

44. 盐水选种的目的是什么？

盐水选种的目的主要是提高种子的净度，达到子粒饱满，每 50 千克水加入 12~12.5 千克食盐，配成密度 1.08~1.13 的溶液，其操作方法是：水里的盐溶化后用一枚新鲜的鸡蛋试一下，露出水面 5 分钱硬币的直径大小就可以放种子了，把不完整子粒捞出后，用清水洗 1~2 次，要经常用鸡蛋试盐水的密度，盐水中的鸡蛋始终要保持露出水面 5 分钱硬币的直径大小。

45. 水稻种子发芽实验中有哪些注意事项？

种子在冬季贮藏期间，会因温度、湿度等条件不适宜等原因往往会丧失发芽能力，如果不进行发芽试验而盲目播种，有可能出现出苗不齐，甚至不出苗等情况。其结果不仅浪费种子，更重要的是延误农时造成损失。发芽试验，一是看发芽率，二是看发芽势。发芽率和发芽势越高，表明种子质量越好。用作发芽试验的种子一定要有代表性，应从种子的上、中、下、边缘和中间等不同部位分别取种，充分混合后再做发芽试验。

（1）普通催芽法适于种子量较大和品种较多时使用。取样种子 100 粒左右，放在铺有纱布的容器（盘、碗或发芽皿）内，加足水，上面放一块纱布盖好，放在保温箱或火炕上催芽，温度保持在 28~30℃（温水不烫手）。第 3 天调查发芽种子数，计算发芽势，第 7 天调查发芽种子数计算发芽率。7 天以后视为不发芽。要重复做 2~3 次，计算平均值。注意要在发芽容器内做好标记，防止弄混品种。

发芽率（势）＝发芽种子数/试验种子数×100%

（2）保温瓶催芽法适于种子量和品种均较少时使用。把约 100 粒种子放在 30℃的温水中浸泡 3 小时后，装在小纱布袋内，布袋口留一条线。保温瓶内装半瓶 30~35℃温水，把种子袋悬挂在保温瓶水面之上，加盖瓶塞

保温，每天换 1~2 次温水。一般 2~3 天就可以出齐芽，计算出发芽势和发芽率。

做发芽试验，应选择发芽率在 90% 以上、发芽势强的种子。发芽率较低的做种子要相应加大播种量。

46. 种子发芽对环境条件有哪些要求？

种子在水分、温度、氧气适宜的条件下即可打破休眠状态，胚开始活动，进入发芽过程。种子发芽分为 3 个阶段：一是吸水期，即种子充分吸水时期；二是发芽准备期，即种子中的酶迅速活动，胚乳中的养分向胚的生长部分输送；三是生长期，即胚体膨胀，出现幼芽、幼根。

（1）发芽的水分需求

水稻种子发芽最少要吸收自身质量 25% 的水分，吸水达到自身质量 40% 时对发芽最为适宜。稻种发芽阶段的吸水过程和发芽进程的 3 个吸收过程同步，即急剧吸水、缓慢吸水和大量吸水 3 个阶段。吸水所用时间与当时温度有关，水温 10℃ 时需 10~15 天，15℃ 时需 6~8 天，20℃ 时需 4~5 天。在浸种催芽过程中，浸种时间过长，种子养分容易溶解损失，时间过短又不利于充分吸水。一般认为，浸种水温 15~20℃、浸 5~15 天适宜。

（2）发芽的温度需求

水稻种子发芽是有酶参与下的生物化学过程。酶的生物活性与温度有十分密切的关系。水稻发芽最适宜的温度，日本北海道学者认为是 32~34℃，黑龙江省多数学者认为是 30℃ 左右。发芽最高临界温度为 40℃，42℃ 以上种子生命力大幅度减弱并致死。经试验，最低起点温度，黑龙江省有些耐冷品种可在平均 8.1℃ 的变温条件下 11 天后发芽率达 60% 以上；个别品种也有达到 90% 以上的；平均 7.6℃ 的变温条件下 15 天发芽率达 60% 以上的品种也不少。

因此，水稻发芽，浸种温度可控制在 15~20℃、5~7 天；催芽温度 30℃、1~2 天。在没有良好催芽设备时，以浸种不催芽直接播种的方法为宜。因为在农膜覆盖的苗床上，温度最均匀，也相对比较适宜且安全，有利于发芽整齐一致。

（3）发芽的氧气需求

水稻种子发芽所需的全部能量，都是通过呼吸作用来实现能量转化的。水稻一生中，植物体单位面积的呼吸量以发芽期为最大。氧气浓度大，幼根的伸长发育良好，21%左右的高浓度最为理想。水稻种子发芽需氧量比旱田作物相对少一些，在氧气不多的水中也能发芽，可在无氧状态下进行呼吸。然而，在缺氧条件下，发芽率大大降低，且幼芽形态异常，幼根不能伸长，生长点不形成叶绿素，鞘叶过长等，对芽期生长十分有害。因此，水育苗被改为湿润育苗，进而发展成旱育苗，其根本目的就是为了充分满足水稻种子发芽期对氧气的需求。

47. 怎样确定育秧期？

一般来说，计划插秧的时期减去秧龄便是适宜的育秧播种期。播种适宜期主要依据下列因素确定。

（1）水稻安全齐穗期：由于各地温光条件不同，栽培水平有差异。

（2）适宜插秧期：在确定安全齐穗期的基础上，根据安全齐穗期的临界期和水稻的生长发育规律，确定适宜的插秧期。

（3）秧龄期：旱育苗插秧时的秧苗叶片为4～5片叶，秧龄期约35～40天。

（4）当地气候条件：一般当地气温稳定在10～12℃时即可进行水稻播种，同时应根据育秧面积、插秧日进度、水情、人力情况等灵活掌握播期。

48. 水稻种子处理有哪些方法？

种子处理是提高纯度、发芽率、发芽势、消灭病虫害，进而提高出苗率、成秧率的有效措施。水稻种子处理常用的方法有：

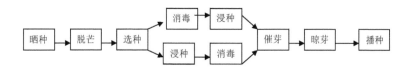

种子消毒有在萌动前进行，有在萌动后进行，也有在萌动中间进行。

49. 水稻为什么选种前一定要晒种？

稻种在贮藏期间，生命活动非常微弱，播前进行晒种，可以增加种皮的透性，有利于贮藏过程中种子呼吸产生的二氧化碳等废气的排出，也有利于氧气、水分等迅速进入种子内部，加快种子吸水过程，提高酶的活性，使种子内含物迅速从凝胶转变成溶胶，促进内部新陈代谢，增强种子活力。所以，晒过的种子比未晒过的种子发芽率高，发芽势也强。

晒种的另一个好处是起到阳光紫外线消毒杀菌的作用。通过晒种，附着种子外表的病菌大部分可以杀死，从而减轻由种子传播的某些病害的发生率。同时可以消除种子间含水量的差异，使种子干燥均匀，吸水速度一致，发芽整齐。

晒种要在浸种前结束，种子摊铺要薄、要勤翻动，做到均匀一致，防止弄破谷壳。几个品种同时翻晒时，要严防混杂，翻动时防止弄破谷壳。早6点至下午13点要用无纺布遮阴，防止暴晒浸种出现精纹粒，15点前选种、浸种，太晚容易回潮。

50. 水稻晒种的具体方法是什么？

选择晴天，把种子均匀平铺到苫布或塑料薄膜上（种子不要直接倒在水泥地面上，以免高温烫伤种子），铺种厚度3~5厘米，种子要勤翻动，保证种子受光均匀，翻动种子时注意不要戳破种皮。阳光充足时，要增加种子的翻动次数，防止长时间暴晒种子。夜间种子要集中苫好，防止低温霜冻或雨淋。

51. 水稻种子消毒、浸种的作用是什么？有哪些注意事项？

种子消毒是防除由种子传染的水稻恶苗病、苗稻瘟病的主要措施。浸种是使水稻种子吸足水分，促进生理活动，使种子膨胀软化，增强呼吸作用，使蛋白质转化为可溶物质，并降低种子中抑制发芽物质的浓度，把可溶物质供幼芽、幼根生长。种子发芽前的吸水过程，分为急剧吸水的物理学吸胀过程和缓慢吸水的生物化学过程两个阶段。前一个阶段吸收了种子发芽所需水分，后一个阶段进行酶的活化、运送等生物化学变化，吸水比较缓慢。种子吸水快慢与温度呈正相关，大体浸好需积温80~100℃，但温度不宜过高。在较低温度下浸种，吸水均匀、消耗物质少、萌动慢、发芽齐，利于培育壮秧。种子吸水达本身质量的25%时即可发芽，达30%时即呈饱和。为了提高种子消毒的效果，常采取消毒和浸种同时进行。方法是：把选好的种子用35%恶苗灵200毫升，兑水50公斤，浸种40公斤。水温保持11~12℃，浸种消毒6~7天。应用袋装浸种法，即将选好的种子装入编织袋的2/3左右，不能装满，以便于翻动袋内种子，使浸种、通气均匀。缸内放入袋装种子后，缸顶用塑料布封好，加盖草帘，以便保温。浸种时每天要调换种子袋位置，沥水通气。浸好种子的标志是稻壳颜色变深，稻谷呈半透明状态，透过颖壳可以看到腹白和种胚，米粒易捏断，手碾呈粉状，没有生心。消毒浸种后，捞出可直接催芽。防治苗床蝼蛄可采用35%丁硫克百威进行拌种，每公斤催芽种子拌丁硫克百威8克，同时可兼防鼠害。

52. 水稻播种前为什么要浸种？

种子从休眠状态转化为萌芽状态，如果没有足够的水分，适当的温湿度和充足的空气，要萌动是不可能的，而吸足水分是种子萌动的第一步。种子在干燥时，含水量很低，只有吸足水分，使种皮膨胀软化，氧气溶于水中，随水分吸收渗透到种子细胞内，才能增强胚乳的呼吸作用。原生质也随水分的增加由凝胶变为溶胶，自由水增多，代谢加强，在一系列酶的作用下，使胚乳贮藏的复杂的不溶物质转变为简单的可溶物质，供幼小器官生长。有了水分也便于有机物质迅速运送到生长中的幼芽、幼根中去，加速种子发芽的进程。所以把好浸种关，是做好催芽工作的重要环节。

53. 水稻浸种时如何杀菌？

选用好的浸种药剂杀菌消毒，防止恶苗病（公稻子）出现，目前市场用量最大的就是25%氰烯菌脂。15克包装的浸30~35千克，100克包装的浸200~225千克。一浸到底，水只能超过容器10~15厘米，第二天水吸收

干净，再加水还是超过容器 10~15 厘米。

54. 水稻浸种的时间与标准是什么？

水稻浸种时间长短与浸种水温高低有关。水温高浸种时间短，水温低浸种时间长。如水温 30℃，浸种需要 2~3 天；水温 20℃，浸种需要 3~4 天；水温 15℃，浸种需要 5~6 天；水温 10℃时，浸种需 7~8 天。种子吸足水分的特征是：谷壳颜色变深，呈半透明状，胚部膨大凸起，胚乳变软，手碾成粉，折断米粒无响声。

55. 水稻种子催芽过程中如何避免出现哑种？

将浸好的种子捞出，控去种子间的水分，如果种子太湿，氧气不足，易出现哑种。具体做法是：在炕上用木方垫起，先铺一层稻草，再铺一层塑料布，浸好的种子堆放其上，以高温（30~32℃）破胸，当有 80% 左右的种子破胸时，将温度降到 25℃催芽。当芽长到 1~2 毫米时温度降到 15~20℃晾芽、待播。不浸种催芽，不仅出苗不齐，难以育成壮苗，而且延误育苗期，影响适时插秧。

56. 水稻幼苗生长对环境条件有哪些要求？

种子发芽后种子根迅速伸长入土。从鞘叶中长出不完全叶，只有叶鞘没有叶片，含有叶绿素。随后从不完全叶中长出既有叶鞘又有叶片及叶枕、叶耳、叶舌的叶子，称为第 1 片真叶。幼苗期根系和幼叶同步生长发育，胚根发育成种子根，以后于立针期在鞘叶节上先后长出 5 条鞘叶节根，随后在不完全叶节和第 1 叶节上陆续长出根系。至第 3 叶展平称为 3 叶期，此时胚乳养分已经耗尽，幼苗转入独立营养供给阶段，靠幼苗的绿叶进行光合作用，根系从土壤中吸收水和无机盐维持自身生长发育。

幼苗生长发育可分为种子根发育期、第 1 叶发育期、离乳期和移栽准备期 4 个阶段。寒地旱育苗应依据幼苗 4 个发育时期的生长规律，合理调控水、肥、气、热 4 个因子，抓住关键技术措施，培育壮苗。

幼苗期对环境条件要求可以概括为土壤酸碱度保持 pH 值 4.5~5.0 的偏酸环境，有利于稻苗生长发育。幼苗从小到大，温度控制由高到低，即

30℃，25℃，20℃，15℃，到移栽前应完全适应当时的外界低温环境。揭膜后日平均温度仅在15℃以下。水分管理应是湿—干—湿的过程。播前浇足水，达到充分饱和，出苗至2叶1心期控制浇水，促进扎根生根，满足氧气需要，使第1叶鞘矮化。2叶1心后浇足水，以适应离乳的生理变化。

寒地旱育秧田管理分四个时期：一是播种至立针为第1期，突出一个"齐"字：保温保湿，2层覆膜，床内温度达到30℃时要通风炼苗。播后5~7天，应及时揭除2层膜；二是立针至1叶1心为第2期，突出一个"矮"字：早炼苗、低温炼苗、炼小苗。床内温度保持在25℃以下，土壤不干不湿，确保第1叶鞘在3厘米以下；三是1叶1心至2叶1心为第3期，突出一个"根"字：床内温度20℃左右。严格控制浇水，床土达到旱田状态并出现龟裂为宜，以促进扎根，多生白根、新根；四是2叶1心至插秧为第4期，突出一个"壮"字：此期幼苗为离乳期，胚乳养分消耗已尽，全靠根部吸收养分和叶片光合作用，应充足供水。3叶前夜盖昼揭，3叶后全揭膜大炼苗，促进壮苗以适应本田环境。

针对水稻旱育苗中普遍存在的密、湿、热三害问题，应提倡宁稀勿密、宁干勿湿、宁冷勿热的管理原则。

57. 水稻种子发芽率低的症状和原因是什么？如何防治？

症状：水稻种子在催芽期间，很多种子不发芽，发芽率低。

主要原因：种子质量差，不能正常发芽；浸种时间不足造成吸水不够；长时间超过42℃会使根和芽死亡；温度低、催芽时间太长，造成氧气严重不足；种子进行无氧呼吸，产生酒精中毒。

防治措施：必须精选稻种；浸种时间要掌握好；催芽温度保持在30℃左右。

58. 水稻种子发酸的症状和原因是什么？如何防治？

症状：水稻催芽过程中种子发酸，一般有酒精味，用手抓发黏；严重时生霉变质。

主要原因：催芽技术不当，没有掌握好水、气、温的关系所致，水稻

浸种过程就是种子吸水过程，种子吸水后种子酶的活性开始上升，在酶的活性作用下胚乳淀粉逐步转化成糖，供胚根、胚芽和胚轴生长所需。当种子吸水达到种子谷重25%时，胚就开始萌动，称为破胸或露白，当种子吸水达到40%时种子才能正常发芽。种子一般在48小时即可达到较好的发芽效果，72小时全都出齐。

防治措施：选用子粒饱满的水稻种子；催芽中要经常检查温度，一定要控制在30℃左右；出现轻微酒精味可以用清水清洗一下继续催芽。

59. 稻种萌发时是先出芽还是先出根？

水稻种子萌发时是先出芽还是先出根，取决于种子萌发时所处的环境条件。稻种经过浸种处理后，在适宜的湿度和水分条件下，胚芽的萌动比胚根伸长速度快。不论籼稻还是粳稻，在正常浸种催芽过程中，稻种刚"扭嘴"或"破胸"或"露白"时，首先看到的是小白点，这个小白点就是胚芽鞘先突破种皮和颖壳的部位，而后胚根长出。

未经浸种处理的干种子播在湿润的土壤中，由于氧气充足、水分少，胚芽的萌动和伸长速度较缓慢，而胚根首先突破种皮和颖壳，先长根。同样，干种子播在水育苗床的泥里，因水分充足，也会先发芽，后长根。

稻种露白后，长芽发根的快慢与土壤中水分和氧气多少有关。如稻芽播在水多、氧气缺少的苗床里，胚芽生长快，而胚根生长缓慢，但在氧气充足的湿润秧田里，幼根生长快，胚芽生长较慢。

60. 水稻种子有根无芽的症状和原因是什么？如何防治？

症状：水稻种子催芽过程中，出现不长芽且根细长现象，称为"有根无芽"。

主要原因：催芽方法不当。一般水稻遵循"干长根、湿长芽"和冷长根、热长芽"的原则，当浸种催芽时种子水分不够，温度低，则不利于芽谷长芽，而有利于根系生长，导致芽谷根系细长。

防治措施：选用子粒饱满的水稻种子。种子催芽时温度不宜过低，做到高温（36~38℃）露白。适宜温度（28~32℃）催根、淋水长芽，控制好水分、温度的关系。可以解决根芽不齐的现象。

61. 水稻种子有芽无根的症状和原因是什么？如何防治？

症状：水稻种子催芽过程中，出现只长芽不长根现象，称为"有芽无根"。

主要原因：催芽方法不当。一般水稻遵循"干长根、湿长芽"和冷长根、热长芽"的原则。当浸种催芽时种子水分不够、温度高，则不利根系生长；苗床温度过高、苗床湿度过大等原因，导致只长芽不长根。

防治措施：选用子粒饱满的水稻种子。提倡盐水选种；控制苗床温度与湿度。

62. 水稻育秧"干长根、湿长芽"在生产上有什么意义？

通常说"干长根、湿长芽"。"干"是指没有水层，"湿"是指有水层。水层有无的本质是氧气的多少。近年来推广的旱育苗较好地解决了供给秧苗充足氧气的问题。水稻育秧从播种到2叶期的主要栽培任务是促进秧苗及时扎根。只有在扎好根的基础上，出苗前一般不补水。当苗达1叶1心时，如床面表现缺水，要用喷壶补给水分，切不可用大水促进秧苗扎根。另外，大水漫灌还会使地温下降，也不利于秧苗的生长。这就是稻农常说的"育秧先育根"。

63. 摆盘前床底除草用药使用量应该是多少克？

360平方米苗床面积吡嘧磺隆10克，41%草甘膦200~250克。但必须含量要足，且无隐形成分，否则有药害。

64. 要实现稻叶又好又快地生长发育要满足哪些条件？

（1）光照

光照与叶片生长关系密切。强光对叶的生长有抑制作用，使叶片生长缓慢。光照充足碳代谢旺盛，叶片短厚质硬，有利于抗病防倒伏。光照不足，叶片伸长，氮代谢旺盛，叶片长薄质软易感病，不利于群体光合效率的提高。总之，晴好天气多、日照时数多，容易使水稻生长有一个最佳碳氮比，使叶的生长适度。相反，阴雨寡照、光照不足，叶片疲软不利于水

稻生长。

（2）温度

稻叶生长发育对温度的要求比较严格。随叶片数的增加，所要求的适宜温度值也在提高，随叶龄的增加，叶片耐低温的能力也在下降。生育前期以 28~30℃ 为宜，生育中期以 30~32℃ 为宜。寒地水稻外界环境所能提供的日平均温度实际状况是 1~3 叶为 20~25℃，4~6 叶为 15~20℃，7 叶以后是 20~25℃。可见，寒地水稻从移栽到拔节期间，环境温度低于稻叶发育最适宜温度，应通过浅水灌溉、间歇灌溉及井灌区设置晒水池等措施，提高水温、地温，以适应稻叶的生长和寿命延长。

（3）水分

水分是稻叶生长发育及完成其功能所不可缺少的物质。稻叶的自身代谢需要水分，光合作用、蒸腾作用、养分输送都离不开水分。当稻田缺水时，稻叶的蒸腾更为加剧。因此，在苗期控水促根时应注意叶片的忍受能力。在生育中期晒田和生育后期排水时都应注意掌握分寸，采取对叶的生长和寿命延长有利的合理促控措施。

（4）养分

叶片是光合作用的主要器官，需要各种养分维持生命并完成各种功能。主要是氮含量不能少于 2.0%，其次是磷、钾，P_2O_5 不能少于 0.5%，K_2O 不能少于 1.5%，还应有硅、镁、钙、硫、锌、钼、硼等。为保证稻叶正常发育，完成各种功能并延长寿命，应努力满足各种养分的需要。

65. 怎样进行育秧地的整地和做床？

（1）整地：整地是育秧工作中至关重要的一环。只有为秧苗生长创造良好的土壤条件和生态环境，才能培育出理想的壮秧。整地可在早春进行，也可以在秋天进行。为防止以后做成的苗床高低不平、局部塌陷，整地时最好用旋耕机松土，不提倡用犁翻。整地一定要在无水条件下进行，坚持三旱整地。

做床前应施足底肥，每床施优质腐熟厩肥 100 公斤以上，并使床土与厩肥充分混拌均匀。一般进行"三刨二挠"，即刨三次，挠二次，保证刨匀、挠细、搂平。

施完底肥初步整平床面后，拉绳划线确定苗床，床沟土用铁锹铲在床面上，打碎坷垃、刨匀、挠细、用木板等刮平。接着用木磙或水泥磙、石磙压实，防止床下有大的孔隙影响出苗。局部凸起或洼陷不平处，用土填平、刮平。整个秧田要做到三平：床平、床与床要平、池间要平。

苗床除施优质农肥外，还要施速效化肥。每平方米施硫酸铵50克，硫酸钾25克。施后挠一次，使土肥均匀混合在10~15厘米土层里。最后用木板刮平并压实。然后，床土进行酸化处理（调酸），使床面土壤的pH值达4.5~5.0。

（2）做床：早春一般结合整地做床。地面整平后，先确定苗床的位置。开闭式旱苗床宽为1.7~1.8米，播幅1.5~1.6米，床长10~15米。园田地育秧床高10厘米，如做成平床起小埂，埂高15~20厘米，即成低床；旱田地育秧，床高15厘米；水田地育秧，床高20厘米。

床的位置确定好后，还要修好床头沟、步道沟、排水沟。一般这三条沟相通，一个比一个高，即床头沟高于步道沟，步道沟高于排水沟，以利于排水。步道沟宽一般为0.4米。要求床面平整，床土细碎，床与床之间的高度一致，沟沟相通，排水方便。床面一般做成畦，以利保墒。

做床要求以旱作为主，即旱整地、旱找平。这样做的好处是苗床地温高、爱发苗、根系发育好、节水、小苗耐旱、秧苗插秧后返青快、分蘖早。但旱做床必须浇透底水，方能播种，否则出苗不齐、出苗晚。

66. 如何确定水稻秧苗的类型？

在育苗前要根据品种、移栽方式、调整抽穗期的要求，选定适宜的秧苗类型来进行育苗。黑龙江省水稻生育期短，品种均属早熟或极早熟粳稻类型，感温性强，高产插秧期短，对秧龄的要求严、弹性小。正确选择秧苗类型，对发挥品种增产潜力、适应不同移栽方式、确保安全出穗成熟，都有重要意义。秧苗类型可分为小苗、中苗、大苗等3种类型。

（1）小苗：小苗叶龄为2.1~2.5叶，秧龄为20~25天。每盘播芽种200克左右，苗小较耐低温，可适当早插。株高10厘米左右，胚乳养分移栽时尚未用完，苗体小不便手插，适于机械插秧，对本田平整程度及插后水层管理要求较严。由于秧苗小，在本田生育时间较长，容易延迟抽穗期，目前已很少利用。

（2）中苗：中苗叶龄为3.1～3.5叶，秧龄30～35天，是生产应用面积较大的秧苗类型。中苗苗高13厘米左右，百株地上干重3克以上。中苗根据插秧方式可分为机插中苗、手插中苗、抛秧中苗。其差异主要是：机插为防漏插，播量适当密些；人工手插没有漏插问题，可适当稀播，播量不同，秧苗素质不一；机插中苗每盘播芽种100～110克；人工手插中苗（每组6个盘）播芽种250～300克；抛秧（摆插）每穴播芽种2～3粒。

（3）大苗：叶龄为4.1～4.5叶，秧龄35～40天，用于人工移栽或人工摆栽。培育大苗，每苗床播芽种200～250克，稀播育带蘖壮秧，在秧田培育35天以上，对调整当地中晚熟品种的抽穗期，确保安全成熟有重要作用。4.1～4.5叶龄的大苗，株高17厘米左右，百株地上干重4克以上。

根据品种熟期和移栽方式，选择秧苗类型，按不同秧苗类型确定相应的播种量，以确保稀播育壮秧，充分利用品种感温性的特点，用秧苗类型调整本田熟期，确保安全抽穗和成熟。为此，人工插秧可育稀播的中苗或大苗，机械插秧用盘育中苗。秧苗类型选择确定后，才能具体安排育苗用种量、秧田面积和秧田播种期、移栽期。按不同秧苗类型的壮苗标准，做好秧田管理，培育出足龄壮秧。

67. 水稻播种的注意事项有哪些？

（1）播期：一般以当地气温稳定在5～6℃时开始育苗，黑龙江省一般在4月中旬前后即开始播种育苗，南部早些，北部晚些。不播5月种，不插6月秧，可以按照插秧期倒算日数确定播种期，中苗在插秧前30～35天，大苗在插秧前35～40天播种。

（2）播量：壮秧的标志之一是茎基部宽。茎基部宽，维管束多，蘖芽发育良好，分蘖早发，穗多粒多。只有在稀播的条件下，保证充足的光照和相应的水、肥和温度管理，秧苗茎基部宽，才能培育壮秧。密播对小苗影响略小，随着生育进展，对中苗、大苗影响越来越大，因此播量的多少，应以育苗叶龄和移栽方式（人工手插或机插）来确定，以移栽前是否影响个体生长为标准。一般手插中苗每平方米播芽种250~309克，大苗每平方米播芽种200~250克，机插中苗每盘播芽种100克左右，过少漏插率增加，过多秧苗弱、返青慢、分蘖晚。钵体盘育苗，每个钵穴播芽种2~3粒。

（3）摆盘、装土：一是软盘育秧。在播种前2~3天，将四边折好的软盘相互靠紧，整齐摆在整平、调酸、消毒及施肥完毕并浇透底水的置床上，注意盘底要贴实床面，边摆边装床土，床土厚度2.5厘米左右，厚度均匀，四周用土培严；二是隔离层育秧。在浇透底水的置床上铺编织袋、打孔地膜，上铺2.5厘米床土；三是钵体盘育秧。在浇透底水的置床上，趁湿摆盘，将多张秧盘摞在一起，用木板将秧盘钵体压入泥中，再将多余秧盘取出，依次摆压入泥土中，钵盘穴底要与床面紧密接触，不能留有空隙，每穴播芽种2~3粒，也可先播种，再将播种的秧盘整齐摆压在置床的泥土中。

（4）播种方法：人工撒播法。把待播的种子，分两次或多次播下，边播边找匀。对播后不均匀处，用笤帚调匀。播下的种子用木板轻拍或木磙压入土中，使种子三面着土，防止芽干，有利于出苗，能使发芽的种子根扎入床土内。用山地腐殖土和肥沃的表层旱田土按照1:3的比例混合过筛后做覆土。覆土厚度为0.5~1.0厘米，覆土厚度应均匀一致，保证出苗整齐，不影响秧苗素质；钵体盘播种法。可以用抽屉式播种器播种，也可人工播种。人工播种是先把营养土装入钵体盘孔穴2/3，刮去多余的营养土，用细眼喷壶轻浇水，待营养土沉实后，人工撒播，每穴一般2~3粒，把未进入钵穴的种子扫入钵穴，下种多时要取出，调整均匀，覆土0.5厘米。

（5）封闭灭草和覆膜：为了消灭秧田杂草，可以选择10%"千金"、59%杀草丹、20%敌稗等安全性较好的药剂进行封闭除草，然后覆盖地膜，保温保湿，促进出苗。出苗后立即撤掉地膜，防止烧苗。

68. 如何科学使用壮秧剂？

壮秧剂不要盲目加大用量，育苗时壮秧剂总量的60%与苗床土混拌均

匀，装盘。余下的40%下种量芽种2.8两的在水稻苗2叶1心期，下午4点后施在苗床上，然后清水洗苗。芽种2.5两可以在2叶1心，下午4点后施在苗床上，然后清水洗苗，达到苗齐苗壮的目的。

69. 壮秧剂是否需要混拌？一般情况下壮秧剂的使用量是多少克？

壮秧剂先拌出母剂，把壮秧剂撒入苗床总土量的20%土里混拌均匀，第二次拌到剩余的80%的苗床土里混拌均匀装盘备用。

每盘育苗土25克；每平方米150克。

70. 为什么不建议表施壮秧剂？

表施壮秧剂虽然省工，但是施用不均匀，会出现肥大的地方徒长，肥小的地方脱肥，积水的地方出现僵苗，肥多的地方会出现化控剂超量，稻苗矮化。

71. 水稻育苗底土厚度标准及播种量各为多少？

水稻育苗底土厚度标准为1.7~1.8厘米；晚熟品种（早期）早插秧的每盘下芽种138克，中熟品种（中期）每盘下种量130克，早熟品种晚插秧的每盘下种量123克（仅供参考）。

72. 培育壮苗旱育中苗壮秧的标准是什么？

秧龄30~35天，3叶1心至4叶1心，有1~2个分蘖。秧苗高度不超过（13）厘米，第一叶鞘长度2.4~2.6厘米，最长不超过3厘米。

73. 为什么育完苗第三天要在中午通风？

育完苗第三天要在中午打开大棚通风60分钟，把床面凉气释放出去，有利于提高土壤的通透性。把棚内有害气体释放出去，把中午的热量贮藏在大棚里，提高温度，这样能提前出苗3~4天。

74. 什么时间撤二层膜？

60%芽立起来，就要撤二层膜，提高光合作用。如果空气湿度大、气温偏低的阴雨天，应在上午揭膜；如果晴天，揭膜时间宜在傍晚前。

75. 为什么揭膜后要浇透揭膜水？

在揭膜的同时，必须采取边揭膜、边浇水，而且浇透水。因为揭膜后秧苗周围空气温度急剧上升，而根部吸水往往供应不上，容易发生青枯死苗。所以及时浇透揭膜水，以补充揭膜后土壤水分的不足，使秧苗尽快适应环境的变化。

76. 大棚的最佳通风时间是什么时候？

2叶1心期时，要早通风早关床，早晨5点通风排湿，下午3点关棚，能把温度贮藏在大棚里。3叶1心期时，根据当地气候可以缓慢的昼夜通风。

77. 水稻苗床管理有哪些要求？

（1）温度：育苗后如果大棚内温度超过30℃就要采取降温措施，把温度降到28℃左右，出苗到1叶1心28℃，2叶1心25℃，3叶1心18℃，宁冷勿热。

（2）水分：宁干勿湿。

（3）管理提倡"四早"：早通风、早关棚、早撤膜、早用药。

78. 水稻苗床水分管理要注意哪些因素？

1叶1心保持床面湿润状态，要经常关注一周内的天气预报，阴雨天气不要浇水，如果高温天气要提前浇水降温，减少苗期立枯病发病的概率，不旱不浇水。在浇透底水的情况下，原则上在2叶前尽量不要浇水，以后浇苗床水要做到三看：一看早晚叶尖有无露珠；二看中午高温时新展开的叶片是否卷曲；三看苗床土表面是否发白。如果早、晚叶片不吐水，午间新展开叶片卷曲，床土表面发白，应把一上午晒温的水一次浇足、浇透，尽量减少浇水次数，不要冷水灌床，会导致冷水僵苗，影响稻苗生长发育。

79. 水稻秧田管理有哪些注意事项？

大中棚旱育中苗一般秧龄30~35天，叶龄3.1~3.5叶，大苗一般秧龄35~40天，叶龄4.1~4.5叶。从播种到出苗需5~7天，出苗后每长出1叶需7天左右。在秧苗生长的过程中，从播种到出苗需水不多，耐寒力强，需氧是主要矛盾；出苗以后耐寒力下降，温度成为主要矛盾；3叶后，温

度升高,需水是主要矛盾。因此,在水稻秧田管理过程中,抓住主要矛盾,着重协调好氧气、水分、温度的关系,是水稻旱育壮秧的技术关键。一是防止棚内温度过高育成弱苗;二是防止低温缺水育成小老苗;三是防止温度剧烈变化引发立枯病造成死苗。

(1)温度管理:播种到出苗温度较低,大中棚以密封保温为主,棚内温度控制在30~32℃为宜,特别是育苗初期出现倒春寒天气,以及长时间阴雨天后晴朗的低温夜晚要防止发生冻害。当气温降至0℃时,大中棚可用四周围草帘、床面覆盖、棚内熏烟等方法保温防冻。出苗时遇有"顶盖"现象,应及时敲碎被顶起的覆土,并用喷壶轻浇水后用土覆盖。苗出齐后撤下地膜。秧苗1叶1心期温度控制在25~30℃,株高在4.5~5.5厘米;2叶1心期温度控制在20~25℃,株高7.5~8.5厘米;3叶1心期温度控制在20℃,苗高12.5~13.5厘米。

(2)水分管理:水分管理应缺水补水。从播种到出苗,床面局部缺水时,要及时补水,特别是2.5叶以后,随着棚内温度升高,秧苗需水量加大,尤其是钵体盘育苗抗旱能力差,应重点注意浇水。苗床是否缺水可根据秧苗确定:当早晨秧苗叶尖普遍有露珠时为不缺水;当早晨秧苗叶尖露珠减少或无露珠以及中午叶片打卷时为缺水。缺水时要在早晨日出前后或傍晚及时浇水,防止高温晒死秧苗,浇水要一次浇透,尽量减少浇水次数,浇水要往复缓慢喷浇,不能大水漫灌,也不要用冷水浇苗,水温要在15℃以上,可用大缸等容器或晒水池晒水。

(3)通风炼苗:秧苗1叶1心期开始通风炼苗,促下控上。通风要按照不同叶龄秧苗对温度的适应能力和秧苗长势进行。一般随着叶龄的增加和气温的升高逐渐延长通风时间和加大通风量。通风时应选择在晴天上午9~10点开始通风,下午2~3点闭膜保温,通风时间和通风量应依据温度的高低,温度低时,应减少通风时间和通风量。通风初期通风口应选在背风的一侧,尽量避免冷空气直接吹到秧苗上,每次通风时,要缓慢打开通风口,逐渐加大通风量,不要突然大面积或全部揭下农膜,以防温度、湿度骤变秧苗发生生理性病害。育秧后期温度高时,再从两侧同时通风,插秧前 3~5 天可以昼夜通风或撤下棚膜。

（4）防病：秧苗 1.5~2.5 叶期是预防秧苗发病的关键时期，应重点预防青、立枯病的发生。预防水稻立枯病，推荐使用 30%瑞苗青，每平方米用 1 毫升~1.5 毫升加水 3 升喷雾；3%（恶·甲）水剂，每平方米用 15~20 毫升加水 3 升喷雾；3%土菌消（恶霉灵）水剂每平方米用 3~4 毫升加水 3 升喷雾；20%移栽灵每平方米 4 毫升；15%恶霉灵每平方米 6~8 毫升；20%壮苗安每平方米 2.5~3 毫升等药剂进行床土消毒，水稻叶龄在 1.5~2.5 叶期，用 pH 值 4.0~4.5 酸水，配合土壤杀菌剂，各喷施一次。使用过壮秧剂的苗床，仍需用上述药剂进行床土消毒。对已发生立枯病的苗床，要在发病初期（多在 1 叶 1 心期）喷雾进行防治。

（5）施肥：秧苗 3 叶期以后，若出现叶片普遍退绿发黄缺肥时，每 100 平方米苗床可用磷酸二氢钾或硫酸铵 2~3 公斤，兑水 200~300 公斤配成 100 倍液叶面喷洒，喷肥后要喷浇清水冲洗，防止烧苗。

（6）除草：出苗后，苗床杂草较少，可以人工拔掉。如果苗床杂草较多，要在水稻叶龄在 1.5~2.5 叶期，根据杂草种类，推荐最佳除草配方：10%千金 60~80 毫升/亩、10%千金 60 毫升+48%排草丹 160~180 毫升/亩、50%杀草丹 300~400 毫升/亩、20%敌稗 300~500 毫升/亩（水稻叶龄 1.1 叶期前），均匀喷洒。

（7）插秧前：插秧前 3 天，在不致秧苗萎蔫的前提下，控制秧田水分，蹲苗壮根，有利于插秧后发根好、返青快、分蘖早。但遇有高温、干旱、大风天气应注意浇水，防止秧苗萎蔫致死。对秧苗矮小、叶色发黄、有脱肥症状时要追钾肥，特别是大苗，在插秧前 2~3 天，每平方米追磷酸二铵 150 克或三料磷肥 300 克，也可每平方米追 50~100 克硫酸铵。另外，为防止本田潜叶蝇的发生，可采取插前苗床喷雾带药插秧技术，药剂可使用 3%啶虫咪或 5%锐劲特，于起秧前 1~2 天苗床茎叶均匀喷雾。

80. 旱育秧齐苗后怎样进行通风炼苗？

出苗后到揭膜炼苗这个阶段技术要求比较严格，是旱育苗成败的关键时期。管理的中心是保证秧苗稳健生长，既要预防低温危害，又要防止高

温"捂大苗"造成徒长。这个时期天气变化无常，温差变化大。

（1）温度管理：①1叶1心期：床内温度控制在25~30℃之间，若超30℃，打开农膜通风口降温炼苗。炼苗时还要看天气，按温度变化进行。如外温超过15℃以上，床内温度达30℃以上，就应打开通风口降温炼苗；②2叶1心期：床内温度保持在20~25℃之间。按照这个温度要求，经常观察床内温度计的温度变化，此时期通风炼苗不仅看温度，还要看苗情、风力大小及风向，通过调节通风口大小，控制床内温度；③3叶期：床内温度控制在20℃左右，这个时期秧苗快要撤农膜了，也就是由床内生长条件逐渐过渡到外界生长环境。但炼苗不好也容易发病，由壮秧变成弱苗、病苗，错过适时插秧期。

下面介绍利用通风口降温炼苗具体办法。

秧苗1叶1心开始通风降温炼苗。从棚顶部的两幅农膜重叠处向两侧拉开农膜，由此口调节苗床内温度。这种降温方法，克服了窄床从四边底部通风降温，冷空气直接吹到秧苗上，因温度骤变，造成四边秧苗滞长、矮小，不能用于插秧，白白损失掉。采用苗床顶棚通风降温，是从苗床高温处即苗床顶棚部降温，冷空气不直接吹到秧苗，苗床四周的秧苗正常生长，不发生秧苗床中部高、四边矮，老农叫"馒头苗"现象，整个苗床秧苗生长整齐、高矮一致。这种炼苗方法简便易行，只要打开通风口就可降温。打开通风口的大小由苗床内温度高低、秧苗生长状态即秧苗叶龄大小、秧苗壮与弱、高与矮和当天风力大小及当日气温情况灵活掌握，逐日由小开到大。直到3叶期前后大通风，直至中间全部拉开撤去农膜。为缓和床内、外温度变化，每日通风炼苗时间应在早晨7~8点以后，下午3点以前关闭通风口。

春季气温变化剧烈，常有低温寒潮侵袭，夜间苗床温度下降至3℃以下，容易引起秧苗受冻滞长或发生立枯病，因此，应注意夜间防寒保温。如果天气预报有低温寒潮，白天炼苗要适当小开通风口，温度升高后再大开，午后提前关闭通风口，并扣平农膜。若有特大寒流时，傍晚应灌水过夜，以水防寒保温护苗，白天温度升高，应及时排水。

撤膜前 3~5 天，要进行大通风。除阴冷天气外，逐步实行日揭夜盖，直到夜间也不盖农膜，断霜后撤去农膜。

（2）水分管理：秧苗出齐以后，就应注意适时、适量供水。尤其秧苗出齐展开叶片时，一般应补一次水，但要考虑当时土壤墒情。补水时要浇水，不要灌水。以后随着秧苗生长，适当补水。确定是否补水的原则是：看床面土壤是否发白，如果发白表示缺水，就要补水。补水时间以上午 10 点前或下午 3 点以后，最好用晒水池的水，把水温提高到 14~15℃。

补水时从两幅农膜开闭口处向两边拉开农膜，用喷壶或喷灌机浇水。补水时勿冲击稻种，一旦因浇水稻种裸露在外，应用土补盖。

如果采用过水方法供水，也应掌握床土不干不过水、见干过水的原则。过水后，要及时排除床沟积水，促进盘根，形成毯状根层。

沟灌浸润供水也是一种补水方法。这种供水方法是在苗床四周压严情况下，采用沟灌法。床沟水位高度以过床面，但又不淹没苗为限，既要达到补水目的，又要防止因水淹苗而造成苗土表面板结。为灌水方便，也可打开苗床两端农膜，待床土浸透后，立即排除床沟积水。

（3）喷灭草药剂：出苗后根据杂草多少喷施敌稗乳油灭草。在稗草二叶期前每标准床（22.5 平方米）用 20% 敌稗乳油 50 克（1 两），兑 5 公斤水喷雾。喷药后 24~36 小时内不能浇水，以免降低药效。

（4）防治立枯病：喷敌克松药液是防治立枯病、青枯病的重要措施。分别在秧苗 1 叶 1 心和 2 叶 1 心期喷药。第一次秧苗 1 叶 1 心期喷洒 1500 倍液，每平方米喷 3 公斤药液；第二次秧苗在 2 叶 1 心期喷 1000 倍药液，每平方米 1 公斤。喷药时选择天气晴朗、无风天进行。上午 10 点前有露珠，不要喷药。当苗床土层干时，应先浇水后打药。

81. 秧苗受低温危害如何挽救？

低温冷害是温带稻作一个突出问题。水稻育苗期经常遇到低温影响。育秧期受低温危害后，不仅降低发芽率，还抑制秧苗生长。水育秧多发生绵腐病和烂秧；湿润育秧和旱育秧多发生立枯病和青枯病，严重时大量死苗，尤其是根系发育不良和徒长的秧苗受害更重，常造成弱苗、苗小和缺

苗等问题，耽误适时插秧。秧苗受低温危害后应采取的补救措施是：及时对症下药，发生什么病，就及时用什么办法治疗；搞好薄膜保温工作，降低地下水，减少苗床湿度，还可在苗床上撒些草木灰来调节水层等。

82. 秧苗顶盖的症状和原因是什么？如何防治？

症状：常有不少秧田出现秧苗顶盖现象，盖土被秧芽顶起，有些生长较慢的秧芽黏在被顶起的土块上而被拔起，致使白根悬于半空中，未被拔起的秧苗由于没有了盖土，秧根也裸露在外。

主要原因：盖土板结，过干过细；厚度不均匀、水分过大，没有使种子三面入土。

防治措施：要选择适宜的盖土，覆盖均匀且厚度要一致，在育苗覆土后可以打一遍枯草芽孢杆菌提高土壤通透性，减少顶盖现象。对已出现顶盖的秧苗，可以用细树枝在床土上轻轻拍打，把顶起的土块震碎，露芽的适当撒一些细土，将芽盖住，再喷一些水，使秧苗根部保持湿润，同时将落于叶上的泥土冲洗干净。

83. 苗床种子不出苗的症状和原因是什么？如何防治？

症状：种子不出苗，出苗后枯死。

主要原因：①育苗土农药残留药害。②选购的种子质量不合格。③壮秧剂质量不合格。④育苗土水分不足涝干。⑤育苗土积水，出苗前水分过大或浇水过多甚至积水，会导致出苗期间缺氧产生坏种，导致出苗不齐不全。

防治措施：①要选择无农药残留的育苗土。②选用子粒饱满的水稻种子。③选用合格壮秧剂。要提倡秋旋地，秋做床。④苗床要浇透水、要平、底土要厚（1.7厘米）、上土要薄（0.8厘米）；水分适宜才能保证苗齐苗壮。

84. 育苗出苗率低的症状和原因是什么？如何防治？

症状：水稻播种后种子不出苗或出苗率低。

主要原因：①育苗土农药残留药害。②种子质量差不能正常发芽出

·60·

苗。③种子播种方法不当播种过深。④壮秧剂使用方法不当。⑤苗床除草剂出现药害。

防治措施：①要选择无农药残留的育苗土。②选用子粒饱满的水稻种子芽率在95%以上。③种子覆土不能过薄也不能超厚。④壮秧剂底土60%，1叶1心40%后使用。⑤苗床不提倡使用丁扑乳油或粉剂，即使要用在说明书原来的量上减少30%用量，育完苗3天后使用。

85. 苗床烂种的症状和原因是什么？如何防治？

症状：水稻种子播种后出现烂种现象，种子不出苗。

主要原因：①育苗土农药残留药害。②种子质量差不能正常发芽出苗。③种子播种方法不当播种过深。④壮秧剂超量使用。⑤本田育苗不砂浆。

防治措施：①要选择无农药残留的育苗土。②选用子粒饱满的水稻种子芽率在95%以上。③种子覆土不能过薄也不能超厚。④壮秧剂不能表施，要按照厂家的说明书合理使用。⑤不建议本田育苗地温低，不渗水苗床，缺氧低温年景烂种非常严重。

86. 苗床烂芽的症状和原因是什么？如何防治？

症状：常见的有幼芽黄褐枯死，或开始零星烂芽发生，然后成簇、成片死亡。

主要原因：①育苗土农药残留药害。②种子播种过深芽鞘不能伸长而腐烂，或种子覆土薄，干旱缺水烂芽。③传染性病害（绵腐病、立枯病等）。

防治措施：①要选择无农药残留的育苗土。②种子覆土不能低于0.8厘米厚度。水分要达到饱和状态。③播种前要用30%精甲恶霉灵消毒杀菌。

87. 苗床烂秧的症状和原因是什么？如何防治？

症状：水稻烂秧是苗期常见的烂芽死苗现象，常见的有幼芽枯死，或开始有零星烂芽发生，或秧苗2~3叶期青枯、黄枯死苗。

主要原因：烂秧分为生理性烂秧和传染性烂秧。生理性烂秧死苗多在低温阴雨或冷后暴晴，造成水分不足时呈现急性青枯，或长期高温，根系吸收养分能力差，造成黄枯。传染型主要包括绵腐型、立枯病、青枯等死苗。

防治措施：①控制水稻播种量，稀播育壮秧育完苗3天通风60分钟提高土壤通透性。②要提早撒膜保持空气流通。1叶1心要在下午5点后打一遍30%精甲恶霉灵。③要配合二早、二控管理技术（早通风、早关棚；控制温度、控制水分）。

88. 苗床死苗的症状和原因是什么？如何防治？

症状：黄枯叶片不吐水；叶色黄色萎蔫，比正常苗矮，病根深褐色，青枯叶片不吐水；心叶萎蔫成筒状；下叶随后萎蔫成筒卷，幼苗翠绿色枯死。病根色暗，根毛稀少。

主要原因：水稻死苗是苗期常见的立枯病造成的枯死；2叶1心后由立枯病和青枯病造成的死苗。

防治措施：①1叶1心要在下午5点后打一遍30%精甲恶霉灵。要配合二早、二控管理技术（早通风、早关棚；控制温度、控制水分）。②2叶1心后打一遍含有鱼蛋白生根剂的氨基酸水溶肥促进生根。

89. 苗床秧苗发白

症状：苗床有时候会出现白秧，或出现大面积发白现象。

主要原因：二层膜撒晚了高温烤苗；缺锌导致叶片白化，水稻苗期对锌肥敏感，当营养土锌肥不足时会因为缺锌而引起秧苗白化；苗床光照不足时，叶有可能形成白秧，但一般多为心叶发白。

防治措施：早撒膜控制温度升高。1叶1心叶面补充锌肥，因阳光光照不足导致白化苗，增加光照后能正常生长。

90. 水稻根系健康发育受哪些因素影响？

（1）氧气：氧气是根系发育最重要的条件。氧气充足时，根系生长发育良好，白根多、根毛多，根的寿命长，吸收、输送功能也强，从而保证地上部正常生长和地上、地下的养分交流。通常要求水田土壤结构良好，通气，透水性能好。栽培上采取加深耕层，活水、浅水、间歇灌溉、合理晒田，以保证根系发育对氧气的需要。

在长期深水、还原性物质多、通气透水性能差的条件下，土壤中有机物分解时消耗大量氧气，产生大量硫化氢等有害气体及乳酸、丁酸、亚铁离子等有害物质。这时根系将中毒变黑甚至腐烂。尤其在生育中期（抽穗前）生长最旺盛时，气温高，土壤中有机物大量腐烂分解，根中毒现象时有发生。应及时排水晒田，增加吸氧量，促使稻体多生新根、白根、泥面根。长远治理措施是改良土壤，使土质疏松、通透性好，加深耕层，修渠排水，降低地下水位。

（2）养分：施腐熟有机肥，既能改良土壤，又能保证养分充足，且有利于有益微生物存活，有利于根的生长发育。氮素用量应适中，过多则地上部生长繁茂，根系分布浅，短弱早衰寿命短。氮素适量时根系发育多而壮。合理增施磷、钾肥，可以壮根，增加根数，根伸长，层次分布合理，寿命也长。在施肥方法上，深层施肥和全层施肥有利于下层根的生长发育和根系均衡协调分布。

（3）温度：寒地水稻根的生长发育最适宜温度是25~30℃，根的细胞伸长最适宜温度为30℃，根的细胞分裂最适宜温度为25℃。而寒地水稻根的生长发育实际温度，苗期只有25℃左右，移栽后至拔节前仅有15~20℃，拔节后可达20~25℃，30℃左右的时间很短。而根的生长在低于15℃时，不仅生长缓慢接近停滞，而且吸收、输导等功能也明显减弱。因此，移栽后应合理调节水层，以适应气温变化，晴好天气撤水增温，冷凉阴雨天气以水保温，利于根系良好发育。

（4）光照：光照充足有利于根系发育，地上部光合作用产物多，运往根部的比例也大。因此，根的发育与光照虽无直接关系，但通过茎叶生长及光照、温度等相关因素有着间接影响。

91. 秧苗根系发黄的症状和原因是什么？如何防治？

症状：茎叶生长良好，水稻秧苗根系发黄，白根新根少。

主要原因：主要发生在低洼地块或者本田育苗过程中，土壤通透性差；由于湿度大不砂浆，水稻管理不当，导致秧苗根系长期处于缺氧环境下，极易造成根系发黄，后期无白根新根。

防治措施：建议选择岗地育苗，秋做床，增加土壤通透性，促进根系生长；水分达到饱和状态就可以；出苗后生长进程合理控制水分与温度，做到床面干湿适中就可以。

92. 秧苗根系发褐的症状和原因是什么？如何防治？

症状：秧苗根系发褐，轻度褐根地上部长势较好，根系只是少部分发褐，没有明显臭味，根部尚未腐烂；严重褐根情况秧苗根系全部发褐，无新根，白根，秧苗基部变为黑褐色，根系变黑发臭发黏烂掉。

主要原因：苗床地长期不旋，育苗土太细，壮秧剂不达标，育苗过程中长期土壤湿度过大，根系长期处于缺氧环境下，根系腐烂发褐。无休止地调酸也会发生褐根。

防治措施：秋整地秋做床，育苗土不能太细，壮秧剂氮肥不能超量，要分两次用。浇水达到饱和状态就可以，要掌握好调酸时间，三叶以后调酸。

93. 秧苗细弱的症状和原因是什么？如何防治？

症状：秧苗培育过程中秧苗生长细长，不愿分蘖，秧苗瘦弱。

主要原因：①播种量过大，造成秧苗瘦弱，色泽不正。②撤膜过晚，通风时间过晚。③肥水管理不当；大水大肥盐碱土环境下生长瘦弱，秧苗喜欢偏酸性土壤，在碱性条件下，根系生长少，影响秧苗对养分的吸收，生长发育不良，形成弱苗。

防治措施：①播种量每盘要控制在芽种 125 克。②出 60% 芽就撤膜，见绿就通风。③不要盲目施肥，盐碱土环境下生长要打 2 次 30% 精甲恶霉灵配合 1 次含有菌剂的水溶肥料。

94. 秧苗徒长的症状和原因是什么？如何防治？

症状：育苗过程中，水稻秧苗生长过快，秧苗细弱，叶片薄窄细长发黄，叶间距变大，秧苗易得病。

主要原因：壮秧剂过多，播种量过大，育秧期间湿度过大，气温高；或者种子消毒不彻底，发生恶苗病，引起秧苗徒长。

防治措施：前期控制壮秧剂使用量，降低播种量，防止单位面积内秧苗过密引起徒长。2叶1心期要控制水分与温度，土壤湿润就可以，温度控制在25℃内。浸种药剂要配合种衣剂配套使用，防止出现恶苗病。

95. 高温危害烧苗的症状和原因是什么？如何防治？

症状：大棚育苗，大片秧苗叶片发白，甚至烧焦发黄。

主要原因：没有合理控制大棚温度，出苗没有及时撤膜，白天没有及时通风，导致棚内温度过高，而机插秧苗播量大，高温下容易烧焦叶片发白。

防治措施：苗床出60%芽二层膜及时撤出，1叶1心控制28℃内，2叶1心控制在25℃内，防止高温烧苗。

96. 秧苗下部发黄的症状和原因是什么？如何防治？

症状：秧苗表面看起来正常，用手捋开，下部叶片发黄；严重时影响到上部叶片。

主要原因：播种量超厚，床面湿度过大出现绵腐病，早上通风时间过晚。

防治措施：控制播种量及苗床湿度；早上5点前通风。1叶1心就用30%精甲恶霉灵消毒一次，2叶1心打一次水溶肥。

97. 秧苗不整齐的症状和原因是什么？如何防治？

症状：育苗时种子出苗时间不一致，或秧苗高度参差不齐，长势不一致。

主要原因：床土混拌壮秧剂不均匀，造成多的地方烧苗，拌不到的地方苗发黄，致使秧苗素质参差不齐；床面高低不平，使得秧苗肥水管理不平衡。苗床不平或一边高一边低或两边高中间低或中间高两边低，使秧苗保水不一致，造成水分足的地方秧苗生长快，水分少的地方秧苗生长慢。

防治措施：把壮秧剂总量60%混拌均匀装到盘里，底土要1.7厘米，剩下40%壮秧剂在1叶1心时再表施，然后清水洗苗。这样处理，一方面能从根本上保证壮秧剂均匀，另一方面将壮秧剂放在床土底部与种子隔开，并保持一定的距离，在刚发芽时，稻谷自身营养足够幼苗吸收利用，壮秧剂基本不会影响幼芽的生长，秧苗生长较一致；等到幼苗发育到一定程度，稻种自身养分逐渐耗尽，这时秧苗的根系已经深入床土的中下部，能从床土中吸收壮秧剂的养分满足秧苗生长，底土壮秧剂耗尽，表施的壮秧剂也开始发挥作用了。

提倡秋整苗床地，秋做床，旋深12厘米左右，超平达到上实下暄即可。

98. 秧苗药害的症状和原因是什么？如何防治？

症状：水稻苗床药害问题较多，轻的秧苗生长受到抑制，苗小苗弱，严重的水稻幼苗干枯、黄化、萎缩、畸形、僵苗、甚至死亡，造成育苗失败。

主要原因：苗床农药残留药害。东北地方一般采用玉米田、大豆田做水稻苗床土，通常玉米田常用莠去津、烟嘧磺隆等；大豆田常用咪唑已烟酸、氟磺胺草醚、异草松等长残留除草剂，这些除草剂在土壤中残留期在一年以上，在这样的地方建棚或采土育苗，会发生不同程度的秧苗药害。苗床封闭除草剂产生药害。很多稻农习惯在苗床使用丁扑合剂进行苗床封闭除草，丁扑合剂是丁草铵和扑草净的合剂，有粉剂和乳油等类型，具有防治成本低、使用方便、除草效果好的特点，但该药剂对使用技术和环境条件要求较高，使用不当极易发生药害，壮秧剂超量使用，多效唑蹲苗药害现象也非常多。

防治措施：选择无除草剂残留的地方建棚或取土育苗，防止农药残留药害。按照产品使用说明及注意事项正确合理使用封闭除草剂、壮秧剂育苗，千万别超量使用。

99. 秧苗根系盘根不牢的症状和原因是什么？如何防治？

症状：机插秧苗要求均匀整齐；苗挺叶绿，根系盘结；秧苗成毯；秧苗提起不散，但生产中出现的机插苗盘根不好，提起或卷苗时易散盘，影响机插作业。

主要原因：①播种量稀，将导致秧盘内秧苗数量过少，单位面积内根系生长量小，根系盘结差；秧苗成盘困难，这样就导致秧苗机插漏秧率高。②苗床温度过高，需要合理控温。苗床温度越高地上部生长越快，不利于秧苗根系生长，秧苗素质差、根系弱、秧苗盘根不牢。③激素苗。在水稻苗期盲目打化控剂、高氮素叶面肥、芸苔素内酯等植物生长调节剂。

防治措施：建议每盘芽种 130 克；控制苗床温度；1 叶 1 心 28℃、2 叶 1 心 25℃、3 叶 1 心 20℃；要严格控制水分保持湿润。不要盲目打组合药物，要科学合理看苗用药，要选用登记在苗床的药剂去使用。

100. 水稻苗床喷施千金的注意事项有哪些？

苗床使用千金（氰氟草酯）应该注意以下几点：千金要单独使用，不可以混配杀菌剂、杀虫剂、叶面肥，也不能和灭草松在一起复配，会降低药效，严重的会出现烧叶、褐叶；药害。喷施时间要掌握在下午关棚前，喷一棚关一棚，有利于提高药效，正常一个 360 平方米大棚 6~8 袋就可以，浓度 60~80 毫升兑水 15~20 斤均匀喷施，特别提醒喷完千金后 24 小时内不能喷施任何肥药，包括撒施壮秧剂和调酸等，防止烧苗现象出现，同时 3 天内苗床也不能浇水。

101. 满足水稻根系健康发育的条件有哪些？

（1）氧气：氧气是根系发育最重要的条件。氧气充足时，根系生长发育良好，白根多、根毛多，根的寿命长，吸收、输导功能也强，从而保证地上部正常生长和地上、地下的养分交流。通常要求水田土壤结构良好，通气透水性能好。栽培上采取加深耕层，活水、浅水、间歇灌溉、合理晒田，以保证根系发育对氧气的需要。

在长期深水、还原性物质多、通气透水性能差的条件下，土壤中有机物分解时消耗大量氧气，产生大量硫化氢等有害气体及乳酸、丁酸、亚铁离子等有害物质。这时根系将中毒变黑甚至腐烂。尤其在生育中期（抽穗

前）生长最旺盛时，气温高，土壤中有机物大量腐烂分解，根中毒现象时有发生。应及时排水晒田，增加吸氧量，促使稻体多生新根、白根、泥面根。长远治理措施是改良土壤，使土质疏松、通透性好，加深耕层，修渠排水，降低地下水位。

（2）养分：施腐熟有机肥，既能改良土壤，又能保证养分充足，且有利于有益微生物存活，有利于根的生长发育。氮素用量应适中，过多则地上部生长繁茂，根系分布浅，短弱早衰寿命短。氮素适量时根系发育多而壮。合理增施磷、钾肥，可以壮根，增加根数，根伸长，层次分布合理，寿命也长。在施肥方法上，深层施肥和全层施肥有利于下层根的生长发育和根系均衡协调分布。

（3）温度：寒地水稻根的生长发育最适宜的温度是25~30℃，根的细胞伸长最适宜温度为30℃，根的细胞分裂最适宜温度为25℃。而寒地水稻根的生长发育实际温度，苗期只有25℃左右，移栽后至拔节前仅有15~20℃，拔节后可达20~25℃，30℃左右的时间很短。而根的生长在低于15℃时，不仅生长缓慢接近停滞，而且吸收、输导等功能也明显减弱。因此，移栽后应合理调节水层，以适应气温变化，晴好天气撒水增温，冷凉阴雨天气以水保温，利于根系良好发育。

（4）光照：光照充足有利于根系发育，地上部光合作用产物多，运往根部的比例也大。因此，根的发育与光照虽无直接关系，但却与茎叶生长及光照、温度等相关因素有着间接关系。

第三章　水稻生产技术

102. 什么是水寄苗？

就是提前 2~3 天把苗运到本田地里寄养，这样出水根快，运苗集中。以往现插秧现运苗，中午稻苗打绺不好用，在床上的苗还得天天浇水。

注意事项：寄养的秧苗盘不能拿出来，要放在水里，防止时间过长扎根太深不好取苗，寄苗后 3 天插秧是最佳时间，时间不宜过长。

103. 秧苗到了插秧时期但不能及时插秧怎么办？

秧苗到了插秧期，因某种原因不能及时插秧，这种情况下管理秧苗的办法有：一是继续"蹲秧"，这种办法适于旱壮秧，旱生根系发达、耐旱能力强的秧苗，少浇水或不浇水，促进根系下扎；其他类型秧苗看当时苗情，要酌情给水，但也应减少给水量和给水次数，不旱到一定程度（不打蔫）不给水。二是采取寄秧办法。

104. 水稻插秧的注意事项有哪些？

当气温稳定在 13℃时，即可插秧。黑龙江省南部地区一般在 5 月 10 日、中部地区 5 月 15 日开始插秧。要尽可能缩短插秧期，尽可能在高产插秧期 5 月 15~25 日插完，不插 6 月秧。起秧前一天，苗床要浇透水，使秧苗与土块附着，便于带土移栽。普通旱育秧起秧时，用平板铁锹在秧苗根部 2 厘米处，把秧苗连同表层床土一起铲下形成秧片，秧片厚度要均匀。也可以用手拔秧，再把秧苗打成捆，但是秧苗带土少，有植伤不利于返青；塑料软盘育秧起秧时，每个秧盘可卷成卷捆好后运秧；隔离层育秧起秧时，可用铁铲把秧苗割成条片状，卷起捆好运秧；钵体盘育秧起秧时，从一侧提起秧盘，用铁铲切掉从秧盘底部长出的根，然后卷起秧盘捆好运秧。插秧时要带土、带肥、带药，随起随运随插，尽量缩短从起秧到插秧的时间，不插隔夜秧，秧苗要轻拿轻放，尽可能降低秧苗植伤。插秧时要做到"插浅、插齐、插直、插匀"。插浅是指秧苗入泥深度1~2厘米为宜，不能超过3厘米；插浅可以利用表层土温使秧苗早返青、快分蘖。插齐是指插秧后秧苗整齐高低一致。插直是指秧苗直立不倒，不出现漂秧。插匀是指秧苗的行距、穴距均匀，每穴苗数均匀一致，最好是拉绳或画印插秧。插秧密度因品种的分蘖能力、土壤肥力、施肥水平、秧苗素质、插秧期等因素差异而不同，插秧早、秧苗素质好、品种分蘖能力强、土壤肥力及施肥水平高，宜稀植；反之，宜密植。南部地区宜稀植，北部地区宜密植。一般为每平方米15~30穴，每穴2~4株基本苗。插秧结束后要在本田寄存少量秧苗，发现缺苗及时补插。

105. 水稻插秧技术要点有哪些？

水稻插秧技术要点概括为适宜水深、田面硬度、最佳插深、适龄壮秧、合理稀植、科学灌溉、早施蘖肥、及时防虫、适时抢早、插满插严、按序插秧。

（1）适宜水深：要求插秧前一天把格田水层调整到1厘米左右（呈花达水状态）有利于插秧机作业，田面水过少，插秧机行走困难，秧爪里容易沾泥，夹住秧苗，秧槽内易塞满杂物，供苗不匀不齐，甚至折苗，造成缺苗严重。田面水过深，立苗不正，插秧深浅不匀，浮苗缺苗多，插秧机行走过程中易推苗压苗，保证不了插秧质量。

（2）田面硬度：插秧时田面硬度检查方法是食指入田面一节（2厘米左右）深度划沟，周围软泥呈徐徐合拢状态为最佳的插秧状态。如沉淀不好，田面过于稀软，秧苗插不牢，立秧姿势乱，插秧机推压边行苗，插后秧苗易下陷，影响缓苗和分蘖生长。田面硬度过大，插秧阻力大，容易伤苗，插秧深度变浅，插后痕迹不能及时合拢，造成漂苗、缺苗。

（3）最佳插深：机械插秧的深度是否合适对秧苗的返青、分蘖以及保全苗影响极大，一般插秧深度0.5厘米时散苗，倒苗、漂苗较多，插秧深度3厘米以上，就会抑制秧苗返青和分蘖，尤其是低位节分蘖受抑制明显，高位节晚生分蘖增多，分蘖延迟，分蘖质量差。

弱苗插深还会变成僵苗。插秧深度在 2 厘米左右时，不会出现倒苗、漂苗现象，植株发根较多，生长健壮，分蘖力强，因此，水稻机械插秧深度控制在 2 厘米左右；人工插秧深度 1~1.5 厘米；钵育摆栽钵面与泥面持平；抛秧栽培钵面入土 2/3（泥浆状态抛秧）为宜。

（4）适龄壮秧：移栽期秧苗素质的好坏对秧苗返青、分蘖影响极大，一般要求旱育中苗（3.1~3.5 叶）、旱育大苗（4.1~4.5 叶）是根白而旺、扁蒲粗壮、叶挺而绿、秧龄适当、整齐均匀、干物重高、抗逆能力强的健壮秧苗，这样的秧苗插后返青快、分蘖早、生长旺盛。而秧苗素质差的徒长秧苗，插秧后叶片耷拉在水面上，极易受到潜叶蝇的危害，叶片很快烂掉，即使叶片保持完好，撤水后叶片直立非常缓慢，缓苗慢、返青迟，如遇不良环境条件，则死叶、死苗率高。

（5）合理稀植：插秧的密度（每平方米基本苗数）应根据土壤的肥力状况、秧苗素质、气候条件、栽培水平等综合因素来确定，单位面积基本苗数以计划穗数（平方米收获穗数 500 穗以上）的 1/4~1/5 为好。一般土壤肥沃、施肥水平高、供肥能力强、秧苗素质好、气候条件好的地力可适当稀插，每平方米基本苗数不宜过多，一般在 125 株/平方米比较合适；而土壤较瘠薄、供肥能力差、气候条件差的地力则可适当增加密度，基本苗数控制在 140 株/平方米较为适宜。

（6）科学灌溉：插后立即上护苗水保返青，水深 4~6 厘米，达到苗高 2/3，以不淹没秧苗心叶为准，促使秧苗早返青、早分蘖、早生快发。在常温下地表水呈花达水时，秧苗返青所需天数为 9~10 天，护苗水深度 2 厘米时，秧苗返青所需天数为 6~7 天，护苗水深度 4 厘米时，秧苗返青所需天数为 4~5 天。在一定条件下，护苗水深每增加 2 厘米株高增加 1 厘米，根数增加 2 条左右。水稻返青后立即撤浅水层，保持 3 厘米左右浅水层，以利增加水温和泥温，加快水稻分蘖。水稻分蘖最适气温 30~32℃，最适水温 32~34℃。气温低于 20℃、水温低于 22℃，分蘖缓慢；气温低于 15℃、水温低于 16℃，或气温超过 40℃，水温超过 42℃，分蘖停止发生。

保持浅水层可以增加泥温，缩小昼夜温差，提高土壤营养的有效性，有利于促进分蘖，无水或深水易降低泥温，抑制分蘖发生。要事先留好出水口，出水口高度5厘米，以防降水过多时水深淹没秧苗或长期深水淹灌，降低根系活力。

（7）早施蘖肥：插前1天秧苗提前施返青肥，施肥量是氮肥总量的30%，其中，蘖肥总量80%于插后7~12天全田施入，另20%（尿素1公斤/亩左右）12~20天后看田找施，哪黄哪弱施哪，促使肥效反应在6~7叶期（有效分蘖盛蘖叶位），促进秧苗早分蘖、快分蘖、多分蘖，减少无效分蘖。为了延长肥效期，可以用硫酸铵和尿素混配使用，2.3公斤硫酸铵代替1公斤尿素。分蘖期稻苗体内三要素的临界量是氮2.5%、五氧化二磷0.25%、氧化钾0.5%，叶片含氮量3.5%时分蘖旺盛，含钾量1.5%时分蘖顺利。生物菌剂分三次用在返青肥、蘖肥、穗肥上，每次2.5公斤/亩。

（8）及时防虫：水稻潜叶蝇发生前在5月末~6月上旬，插秧后及时进行虫情调查，发现潜叶蝇危害时及时喷药防治。调查的方法是选择插后8~10天的秧苗靠近水面并平铺（夅拉）在水面上的叶片，用手轻轻捋叶片，发现叶片中间有小颗粒即为潜叶蝇的幼虫，应立即喷药防治。最佳防治方法：结合返青肥每亩用20%阿维菌剂三唑磷80克全田撒施。

（9）适时抢早：水稻插秧起始温度是气温稳定达到13℃，泥温15℃，高产插秧期5月15~25日，钵育摆栽18~23日；5月10~15日、5月26~30日为平产期；5月10日前、6月1日后为减产期。随时间拖后，产量明显降低，5月15日移栽产量为100%，5月20日移栽产量为94%，5月25日移栽产量为90%，5月30日移栽产量为79.9%。

（10）插满插严：插后同步补苗，插到头、插到边，格田四角插满插严，确保田间基本苗数合理、耕地利用率100%，要求做到秧苗栽得正，不要东倒西歪，插秧行要直，行穴距规整，每穴苗数均匀，栽插深浅整齐一致，不插高低秧、断头秧。

（11）按序插秧：插秧时应从稻田的下头开始，逐步向上头推进，待下一个格田插完秧以后，上一格田中的水放入下一格田作为护苗水，这样，既节约用水，又提高水温，还减少肥料流失浪费。

106. 怎样确定插秧的基本苗数？

密度通常是指单位面积内插秧穴数及每穴插秧苗数而言。确定单位面积插秧的基本苗数必须根据当地自然条件、生产条件以及所选用品种的特点、产量要求指标等进行综合分析考虑，确定出最佳密度，达到高产目的，在生产上只要确定了插秧形式、每亩穴数、每穴的用秧数，同时得出亩用苗总数，即亩用基本苗数。

107. 水稻高产靠插还是靠发？为什么？

水稻高产靠插还是靠发？结论是两者都要靠，是统一体，不过随着生产条件的变化而偏重其中一个方面，其实质是调整群体结构。靠插、靠发是有前提条件制约的，绝不是抽象的问题。"薄田靠插，肥田靠发"。因为薄田和肥田都是生产条件，就品种来讲，分蘖力强、易倒伏、大穗型、高秆型、晚熟等则偏重靠发；而矮秆、分蘖力弱、抗倒伏、小穗型早熟等品种则偏重靠插。在光照好、土壤肥沃、施肥量高、水源充足、机械化栽培程度高等有利条件下，就应偏重靠发。总的讲，靠插还是靠发最重要的一条是以各种生产条件为前提，决不能离开条件而主观臆断，要随着条件变化灵活把握。

108. 水稻移栽标准是什么？

机械插秧标准是早、稀、浅、正、直、满、匀、扶、补。

①早：适时抢早，不是超早。

②稀：合理稀植，保证田间基本苗数。

③浅：插秧深度 2 厘米以内，穗虽多但穗小，不抗倒伏；插深大于 2 厘米，穗少却不能高产。

④正：要求秧苗栽得正，不要东倒西歪。

⑤直：插秧行要直，行、穴距要规整一致。

⑥满：插到头、插到边，格田四角插满插严，确保田间基本苗数合

理、耕地利用率100%。

⑦匀：栽插深浅整齐一致，不插高低秧、断头秧，每穴苗数均匀。

⑧扶：插后及时上护苗水，促进秧苗早返青、早分蘖。

⑨补：插后同步补苗，确保水稻生育进程一致。

109. 水田整地的标准是什么？

水田整地的标准是：地平如镜，埂直如线，上糊下松，泥烂适中，有水有气。所谓地平如镜、埂直如线，是指条田和稻畦规整，毛渠和畦埂笔直。畦内田面高差不过半寸，无偏脸畦；上糊下松，即上部泥肥融合较糊烂，有利于插秧缓苗，下松是下部土团较大较活，松暄，结构好，不死浆，有利于通气，有利于水稻根系发育，同时保水保肥力强。

110. 水稻整地做床的注意事项有哪些？

为提高旱育苗质量，提倡秋整地、秋备土、秋做床、秋打孔、秋埋桩，以缓解春季农时紧张的矛盾，并利用土壤的风化、冻融作用，促进土壤养分的释放。在本田地育秧的秋做床应在秋季田间收完清理后，结合施入腐熟的农家肥，浅翻15厘米左右，及时粗耙整平。在结冻前按选用的棚型，确定好苗床的长、宽，耙平床面，挖好排水沟，便于排出冬季降水，保持土壤的旱田状态。如果春做床，要及时清除积雪，在播种前10~15天扣棚，加速土壤的解冻，当棚内土壤融化10厘米以上时开始翻地做床。在翻地前均匀施入充分腐熟的农家肥，整地做到土要细碎，无大土块，床面平整，搂出土中的根茬和杂物。棚中间留步道，步道两边做成长方形苗床，苗床四周筑起5厘米高的小埂，如应用钵盘育苗，要注意苗床的有效宽度与摆放钵盘的组合宽度相吻合，避免浪费苗床。

111. 水稻本田整地的注意事项有哪些？

水田整地方法有翻耕、旋耕、耙耕和免耕等方法，一般4~5年翻耕一次，中间利用旋耕或耙耕等方法。翻耕一般耕深15~20厘米，旋耕耕深为12~14厘米。提倡秋季旱整地，如春季旱整地要提前进行。旱整地主要是人工去高垫洼，用耙、耢沿对角线平整土地，使田面达到基本平整，同时要修整好田间池埂。在旱整地的基础上，插秧前5~6天，灌水泡田，准备水整地，即水耙地。然后在插秧前1~2天，用手扶拖拉机加挂水耙轮带耢子或拖板整平田面。水耙地要做到：一要耙平，同一块地内高低差不超过2~3厘米，即"寸水不露泥"，做到地平如镜；二要耙匀，即田边要全部耙到，不留死角，不留生土，没有土块；三要耙透，要往复多次，把耕层土壤耙成泥浆状，经沉淀后，可以防止土壤渗漏。水整地后，保持田面水层，待泥浆沉实不硬，田面呈花达水状态，即可开始插秧。

112. 水田整地的方法有哪些？

水田整地包括平地、耕翻、旱耙、水耙、拉拍、施肥以及药剂封闭灭草等。水田整地的方法有旱整地、水整地两种。

（1）旱整地：秋季早翻、旱耙，春季旱平、旱耙。这种整地方法省水、省电，能使土壤疏松开口、放水泡田后经拉拍即可插秧。在干旱缺水年份或井灌稻区，采用这种方法较好，有利于土壤晒垡熟化和氧化还原，养分贮存较多，并能节省大量的泡田用水，是节水栽培的有效措施。

（2）水整地：低洼存水地可采用水耕水耙，漏水田灌水后耕耙有利于土壤闭塞保水。无论是旱整地、水整地，都离不开机械水耙地、拉拍找平田面等措施，达到松软、上糊下松的目的。

113. 如何促进水稻分蘖，要具备哪些条件？

低节位的分蘖，发生较早，有利于形成有效分蘖；节位高的分蘖发生较晚，不利于形成有效分蘖。分蘖节位的高低，在很大程度上受栽培条件所左右。当条件不适宜时，则分蘖发生的节位被迫上移。一般秧龄长、插植深、肥不足、灌水深、叶鞘长等都是造成分蘖节位高、分蘖发生晚的因素。通风炼苗，控制叶鞘长度是为了促进分蘖早生快发。浅插、早插、浅灌等措施也是为了促进分蘖。

分蘖期对环境条件的要求，以光、温、肥、水、氧为主。在高肥、浅水、高温、强光、足氧的条件下，白根多、支根多、根毛多，整个根系发达，分蘖节位低，发生早、快、多。浅水才有足氧、高温，有利于育根、促蘖；强光时，叶鞘短厚，稻苗敦实，有利于扎根分蘖。以氮肥为主，磷、钾肥为辅，合理增施肥料，是增加分蘖的关键措施。在整个有效分蘖期间土壤持水量应不低于60%，理想气温是20℃以上。

114. 什么叫有效分蘖和无效分蘖，在生产上有什么意义？

有效分蘖是分出的蘖最后能长成有效穗并结实，每穗实粒5粒以上的分蘖；分蘖不能长成有效穗或中途死亡或每穗不足5个成粒的分蘖均为无效分蘖。有效分蘖是构成产量的主要因素，即每亩有效穗数。在生产上应采取促进措施，争取更多的有效分蘖，减少无效分蘖。水稻有效分蘖期，一般在最高分蘖期前7~15天，此时的叶龄指数在70~75之间。因此，生产上从两方面采取措施：一是千方百计促进分蘖早生快发，提高分蘖成穗率，增加穗数，这是分蘖期管理的主攻方向，在有效分蘖终止期，全田总茎数大体上和预期计划的穗相近，上下不超过5万茎。二是要适当控制后期分蘖，防止分蘖发得过头，一般到最高分蘖期，每亩总茎数控制在适宜穗数的1.5倍左右为宜。

115. 影响水稻分蘖的因素有哪些？

水稻分蘖与栽培技术和环境条件有密切的关系。温度是影响水稻分蘖的重要因素。分蘖的最适宜温度是28~31℃，低于18℃就不会发生分蘖。水稻分蘖的部位一般都在表土下2~3厘米处。因此，影响分蘖最直接的温度是水温和泥温。据研究，分蘖期白天浅灌1~2厘米水层比深灌4厘米的泥温高1~2℃，而晚上浅灌的反而比深灌的低0.5℃左右。所以，分蘖初期白天采取浅灌水的方法，对于提高泥温、促进分蘖的发生和生长是有效的。

插秧的深浅与分蘖发生的快慢也有密切关系。秧苗浅插、表层通气良好，泥温也容易升高，有利于分蘖的发生。春天秧苗深插达7厘米时的泥温要比3.5厘米的泥温低1~2℃左右，而且分蘖节要达到泥表后才能分蘖，这样秧苗被迫形成"二段根"或"三段根"消耗养分，而且每伸长一个节间，需5~7天，分蘖期延迟，有效分蘖将大大减少。

　　光照对分蘖也有很大影响，秧苗移栽后，如果阴雨天多、光照不足、光合产物少、叶鞘增长、秧苗细瘦，不利于分蘖的发生。反之，分蘖期晴天多、光照好、叶鞘较短、植株生长健壮，分蘖多而快。

　　营养元素供应充足与否和分蘖发生有密切关系。一般营养水平高，分蘖发生早而快，分蘖时间延长；反之，营养水平低，分蘖发生迟缓，停止早。营养元素中氮、磷、钾三要素对分蘖的影响最为显著，其中以氮素影响最大，故应早施分蘖肥，使其早分蘖。

116. 影响水稻茎秆生长的因素有哪些?

　　茎秆是稻体生育的骨干器官，起到支撑、连接、贮藏、输导等重要作用。茎秆生长发育要求的主要条件是光照、温度和养分。

　　(1) 光照：光照不足的年份节间徒长、伸长，出穗前后稻体抗病能力弱，茎秆向穗部运输营养的能力低下，影响正常成熟。而且由于光照不足，同化产物少，木质素、纤维素形成量少，造成茎秆细弱。只有光照充足，光合作用强，茎秆节间短而质硬，才能抗病、抗倒伏、输送养分能力强。

　　(2) 温度：低温年份茎秆生长量不足，茎变矮，穗也变短。在不利条件下穗头伸出，结实成熟都受到不良影响。

　　(3) 养分：茎秆伸长期氮素过多，则下位节间伸长快、伸长异常；分蘖茎多，有效分蘖率低，秆粗但纤维素少，质软、徒长、倒伏、早衰。钾肥对保持细胞含量和调节渗透压有重要作用，若缺钾则细胞没有渗透压，根的吸收能力被切断，且质软不坚，茎秆生长发育必然受到严重危害。缺磷时茎数少，茎秆变矮变细。适量的氮素和足够的磷、钾肥，是保证茎秆正常生长发育的主要条件。

117. 幼穗分化与发育对环境条件有哪些要求?

　　幼穗分化与发育期是寒地水稻营养生长和生殖生长交错重叠同时进行的生育时期，是细胞分裂新陈代谢最旺盛的时期。此期对温度最敏感，对养分、水分和光照需求量增大。

（1）温度：幼穗分化与发育期对温度最敏感。最适宜的温度是 28～32℃。黑龙江省大部分稻区在幼穗分化发育的 7 月份平均温度为 22.5℃左右。这样的温度条件可以满足寒地水稻品种在幼穗分化发育期对温度的需求。水稻幼穗分化发育期，特别是花粉母细胞减数分裂期若遇到低温，幼穗发育将出现生理障碍，称障碍型冷害。黑龙江省属大陆性季风气候，7 月份温度较高，除东部山间冷凉地区和黑河地区外，极少出现障碍型冷害。此期一般日平均温度低于 20℃，日最低温度低于 15℃就会出现生理障碍。若日平均温度低于 17℃，日最低温度低于 12℃，配子的形成将造成严重的生理障碍。此期遇低温冷害可灌深水护胎，水深 15～20 厘米，则可防止低温造成的危害。

（2）光照：幼穗分化发育期需充足的光照，以满足叶片光合作用和幼穗迅速发育的需要。配子的形成、颖花分化形成都必须在充足的光照下进行。光照不足时颖花数减少，花粉充实度不良，易引起枝梗退化、不孕花增加。

（3）水分：幼穗分化发育期水层管理十分关键，是稻株一生生理用水量最大的时期。光合作用、蒸腾作用、吸收和运输作用都需要足够的水分。缺水将造成有效分蘖率降低，穗数减少，颖花和枝梗大量退化，着粒数减少，结实率降低。但长期深水会引起根部缺氧，根系变黑腐烂，也将大大影响幼穗发育。应合理调控，及时采用间歇灌溉、活水灌溉、晒田等措施，保证幼穗健壮发育。

（4）养分：幼穗分化发育期需要大量的营养。营养不足，穗变小空秕率增加。如果发现缺肥，应在颖花分化期施入穗肥。穗肥以氮肥为主，加入适量钾肥，可增加枝梗和颖花数，减少颖花的退化，增加每穗粒数、结实率和千粒重。为防止中部叶片过度伸长，施用穗肥时应躲过幼穗分化始期，在幼穗形成期的颖花分化期施入比较适宜。

（5）防病：寒地水稻穗颈瘟严重影响产量，应选用抗病品种，并注意在始穗期前后用药防治。

118. 抽穗结实期对环境条件有哪些要求？

抽穗、开花、受精、结实是水稻一生中决定产量的关键时期。影响开花结实的主要因素是温度、湿度、光照、养分等。

（1）温度：抽穗开花时遇到降雨和低温等不利条件，开花就不能正常进行。开花最适宜的温度是30℃左右，花粉发芽最适宜温度是30~35℃。低于20℃推迟发芽，花药裂开的最低温度是22℃。黑龙江省7月底到8月初是气温最高的时候。这个时期水稻开花在每天的10时至14时，气温大都在25~32℃间，是比较适宜的温度。此时若遇低温和降雨，水稻会自身调节推迟开花时间，有时可以推迟2~3天。待温度升高，天气晴好时一起开花，被称为"满开"现象；若连续3天以上降雨低温，会由于花粉成熟不充分、花药开裂状态不佳等原因造成空壳率增加。灌浆期昼夜温差大，有利于灌浆。夜间气温低，叶片老化慢，呼吸强度弱，养分消耗少。昼夜气温高，光合作用强度大，养分向穗部运输快，淀粉形成快积累多。蜡熟以前（8月份），夜间14~18℃，昼间24~28℃，可以满足寒地水稻品种结实前期对温度的要求，有利于水稻生长。但灌浆结实后期的9月上、中旬温度迅速下降，夜间8~12℃，昼间也只有18~22℃。因此，寒地稻区必须选用较低温度下灌浆速度快、后熟快的品种，以适应成熟期的低温。

（2）湿度：水稻开花时最适宜的相对湿度为70%，在40%~70%的范围内对开花不会有较大影响。因此，在开花时不仅需要生理用水，也需要足够的生态用水，以保证环境湿度。开花期生理用水量较大，缺水会大大增加空壳率。要及时灌水，保持水层，通常称为"花水"。结实期为满足灌浆需要，不应过早排水，一般在收获前7~10天停止灌水，自然落干较为适宜。

（3）光照：水稻开花期和灌浆结实期对光照的要求十分严格。天气晴好、光照充足，有利于正常开花受精。光照直接影响开颖、花粉发芽和受精过程。阴雨天光照不足开花推迟，或受精状态不良会大大降低结实率，也容易感染稻瘟病。灌浆结实期天气晴好，有利于光合作用和成熟。

119. 水稻晒田的标准是什么？哪些地块不适宜晒田？

一般当茎数达到每穴平均 12~15 棵时即开始晒田，达到田面出现小的龟裂，下田不陷脚，使苗色逐渐变黄。中间可以过水一至二次，以延长晒田时间，使秧田不至于干裂过甚而妨害水稻正常生理功能。

沙土地、盐碱地不适宜晒田。

120. 水稻为什么要烤田？怎样烤田？

水稻在分蘖末期进行排水烤田，即断水、限氮。这是水稻栽培管理上的一项重要措施，具有以下作用。

（1）改变土壤的理化性状，有利于中后期生长。烤田能使土壤脱水干缩有裂缝，增强土壤的渗透性，增加土壤的空气含量，增强好气性微生物活动，加速有机物矿化，从而提高土壤中有效养分的含量。

（2）促进根系生长，增强根系功能。烤田促进根系向纵、横两个方向生长，扩大了根系的活动范围，增加了吸收水肥能力。横向根和表层根又叫浮根，在生育后期有吸收氧气的功能，对减轻后期根系早衰有很好的作用。

（3）控制无效分蘖。烤田期暂时抑制了土壤中养分供应，使地上部分生长停滞。晚生的小分蘖逐渐死亡，早生的大分蘖生出自己的根系而独立生活。小分蘖在死亡过程中把自身的养分转给大分蘖，从而巩固了有效分蘖，不至于造成分蘖过多、封行过早的后果。

（4）改变代谢类型，有利于生殖生长。烤田以前以氧代谢为主，生长旺盛，有利于分蘖。烤田时，土壤中氮、磷养分减少，使氮代谢下降、碳代谢上升，分蘖停止，生长滞缓，稻株体内干物质积累增加，茎秆老健，复水后土壤中有效氮、磷急剧增加，又使稻株代谢由碳代谢型转为碳-氮代谢，有利于穗的发育。

（5）改善田间小气候，提高抗逆力。烤田降低了田间湿度，推迟了稻田封行期，改善了通风透光条件，使稻株老健，增强了抗病能力。

（6）烤田能缩短底三节、强壮项三叶、促进了根系向纵深发展，为后期生殖生长打下坚实基础。能提高结实率，增强抗倒伏力。

烤田要掌握三看，即：看苗情长势、看土壤肥力，看天气变化，确定适时适度烤田。烤田可分为重烤、轻烤和晾田三种。对叶色深、长势过旺、地势低洼、土质肥沃的松软稻田（烂泥田），要进行重烤，既排地上水又排地下水，要烤10~12天。对长势较好、叶色较深、肥力中等的要轻烤，一般是8~10天，对长势较差、地力较薄或漏水的地块，虽到分蘖末期但苗数仍不足时，也要晾田5~7天。烤田期如阴雨天多、湿度大、光照差，要延长烤田时间。如降大雨，要及时挖沟排水。烤田期如天气晴朗、高温干燥、风大，要缩短烤田时间。

烤田的原则是："权够不等时，时到不等权"。当田间达到预定苗数时即每平方米总茎蘖数达到600个以上时要及时烤田；对长势较差、蘖数一直不够的也不能无限期等。

121. 如何做好科学管水？

①插秧时花达水：插后1天灌深水护苗，水深达苗高的2/3。

②分蘖期水层：有效分蘖期3厘米浅水层。

③晒田：在有效分蘖终止前3~5天排干水晒田，晒田标准是：池中有裂纹，地面见白根，叶挺色淡，晒7天左右，晒后逐步恢复正常水层。长势不足地块不宜晒田，井灌不宜晒田，盐碱地绝对不能晒田。

④护胎水：幼穗分化至抽穗前，即7月10日至7月25日期间，灌水5~7厘米。减数分裂期，遇低温灌10~15厘米深水护胎，防御冷害。

⑤扬花灌浆水：出穗扬花期，灌水7~10厘米。灌浆到腊熟期间歇灌水，干干湿湿，以湿为主，增温透气，延长根系活力，养根保叶，活秆成熟。黄熟中期排水，即8月末9月初。洼地可以早排。

122. 水稻需水规律是什么？在生产上有什么意义？

水稻的需水包括三个方面：一是叶面蒸腾；二是株间蒸发；三是地下渗漏。北方稻区一般都是叶面蒸腾耗水量最大，其次是株间蒸发，地下渗漏较小。

北方一季粳稻区，每亩水稻需水量一般在 420~780 立方米，生产 1 公斤稻谷需水量是 850~980 公斤。

水稻各生育时期需水量有很大差异。秧苗期特别是三叶期前耐旱力较强，需水很少。插秧到返青期植株矮小，叶面蒸腾耗水少、根的吸收力弱，需水量并不多，但为加速缓苗，需要灌浅水层。分蘖期需水量逐渐增多，但不需要更多的水，到孕穗、抽穗开花期叶面蒸腾耗水多，是水稻需水高峰期，尤其穗分化、花粉胚囊形成期（即减数分裂期）是需水敏感期，此期必须保证供水。开花以后植株不增高，叶片也不加大，生长势逐渐衰退，生理活动减弱，蒸腾耗水量也日渐下降，需水量减少，但到蜡熟期仍需较多的水分。水稻的耐旱期是秧苗期和拔节期，此期一定要人为控制水分。

了解水稻需水规律对指导合理灌溉有重要意义。水稻孕穗期、抽穗开花期一定保证供足水，而秧苗期、拔节期要限制水分供应，生育后期（开花以后）也要适当节制供水。这样做既对水稻生长有利，又能节省大量水资源，还降低了成本。

123. 水稻节水灌溉的注意事项有哪些？

要加强田间基本建设，提高工程配套标准，建立节水灌溉模式。水层管理应满足"壮根、增温、通气、节水"等促进生育的要求：一是浅水促蘖。插秧时池内保持花达水，插秧后水层要保持苗高的 2/3，扶苗返青，返青后，水层保持 3.3 厘米，增温促蘖。10 叶期后，采用干干湿湿的湿润灌溉法，增加土壤的供氧量，促进根系下扎。到抽穗前 40 天为止；二是烤田壮秆攻大穗。当田间茎数达到计划茎数的 80% 时，要对长势过旺、较早出现郁闭、叶黑、叶下披、不出现拔节黄的地块，撤水晒田 7~10 天，相反则不晒，改为深水淹。晒田程度为田面发白、地面龟裂、池面见白根、叶色褪淡挺直，控上促下，促进壮秆；三是深水护胎、浅水灌浆。水稻减数分裂是水稻一生中对低温最敏感的时期，为防御低温冷害，当预报有 17℃ 以下低温时，灌 15~20 厘米深水层，护胎。其余时间要采取干干湿湿以湿为主的间歇灌溉，养根保叶，活秆成熟。每次灌水 4~5 厘米，自然落干后再灌水。黄熟期停水。

124. 水稻浅、湿、干间歇灌溉有什么好处？

（1）提高了灌溉水的生产效益：灌溉水的生产效率指每立方米水所生产的子粒。一般浅湿灌亩用水量为 400~450 立方米，亩产量是 550~600 公斤，1 立方米水生产稻谷 1.3 公斤。而淹水灌每亩用水量 560~700 立方米，亩产量是 510~550 公斤，水的生产效益是 0.9 左右。

浅湿灌比水层灌可节省用水 19.2%~22%，可增产 6.7%，效益提高 42%。

一般浅湿灌溉平均亩产640.6 公斤，比淹水灌溉增产7.5%。浅湿灌平均亩用水量 396.9 立方米，淹水灌亩用水量 670 立方米，浅湿灌比淹水灌省水 40.9%。浅湿灌的水效为 1.64，淹水灌的水效为 0.88。

（2）稻田热量状况得到改善：①稻田积温增加。一般从移栽到成熟田间水温增加 76.2~165.2℃，土壤积温增加 63.5℃，增温效果以生育前期和后期最为明显。这对加速后期成熟有重要作用。②稻田土温日温变幅大。分蘖期田间土温：湿润灌的温差为 6.4~7.3℃，水层淹灌仅为 5~6℃。昼夜温差：湿润灌为 4.2~4.6℃，淹水灌为 3.8~4.0℃。土温日温变幅大，可促使分蘖早生快发。在生育后期抽穗至乳熟期的昼夜温差，湿润灌为 2.6~3.1℃，淹水灌为 1.6~1.7℃。浅湿灌白天温度高，有利于光合作用，昼夜温差大有利于干物质积累。水不但能调节土温，也影响光照，浅湿光照好，淹水光照不足。

（3）水稻的生育性状得到改善：①增强根系活力，浅湿灌溉根的吸收力是淹水灌溉的 1.33 倍。根系活力的增强是地上部生长和形成产量的物质基础。②提高分蘖力和有效分蘖数。在相同条件下，单株分蘖数：湿润灌为 4.15 个，浅水灌为 3.68 个，深水淹灌为 3.4 个。浅湿灌的分蘖力强，分蘖高峰期提早 4~5 天，有效分蘖率高 13%。③促进生育转化。据试验，湿润灌溉能促使水稻从营养生长适时向生殖生长转化。在生殖生长期叶面积指数高，功能叶片多，一次分蘖多，根冠比大。在乳熟期，浅湿灌植株淀粉、纤维素含量增多，碳氮比增大，为高产创造了条件。④有利于改善

稻株的生长形态。据调查，实行浅湿灌溉的根系发育好、须根多、根毛多，根的吸收机能好。基部节间短，浅湿灌溉的第一节1.4厘米，第二节7.2厘米；深水淹灌的第一节2.1厘米，第二节8.4厘米。浅湿灌的茎秆较硬，茎、叶生长协调，不倒伏。⑤有利于提高产量。在穗粒数、结实率和千粒重上浅湿灌比长期淹灌均有所增加。

125. 为什么说水稻白根"有劲"？

白根一般都是新根和老根的尖端部分，这些根泌氧能力强，能使周围的土壤呈氧化状态，形成一个氧化圈，将周围的可溶性二价铁氧化成三价铁沉淀，使其不聚积在根的表面，保持了根的白色。白根有很强的生理功能，生命力和吸收能力都很强，所以说白根有劲。

126. 水稻黑根是怎么发生的？怎样才能减少黑根的发生？

长期淹水以后，由于土壤内氧气不足，二价铁较多，同时，有机质进行先期分解，产生硫化氢等一系列有毒物质。硫化氢和二价铁相结合生成硫酸亚铁（黑色）沉淀在根表，产生黑根，导致根系生理机能进一步衰退。

这就要求水田栽培管理本田不能长期淹水，秧田要保持良好的通气状态，本田则应保持浅、干、湿状态，必要时还要晾田或晒田，以调节土壤的通气状况，从而减少黑根的发生。

127. 机插缺苗多（缺秧率高）的症状和原因是什么？如何防治？

症状：播种不均匀，苗床出现立枯病，导致插秧缺苗，缺苗率在5%以下对水稻产量影响较小，缺苗率在10%时，多数品种产量降低，需要补苗。

主要原因：播种不均匀，发生水稻立枯病。

防治措施：播种要均匀。提前预防立枯病，机插时通过调节取秧挡位增加取秧量和取秧范围，确保每次取秧时都有苗。

128. 机插漂秧多的症状和原因是什么？如何防治？

症状：水稻机械化插秧质量对水稻高产、稳产至关重要，水稻秧苗机插后会出现秧苗没有插入土壤而漂浮在泥面上，叫漂苗，一般机插的漂秧率应控制在≤3%。

主要原因：泥浆没有沉实，田间杂质太多，水层太深。

防治措施：提高平整土地质量，地表高低差不大于 3 厘米，无残杂、无杂草、无杂物，确定沉淀时间，适宜调整插秧机深浅度，减少漂苗。

129. 机插倒秧多的症状和原因是什么？如何防治？

症状：机插后有时会发生大片秧苗倒伏，贴在稻田泥地上，影响秧苗返青和水稻产量。

主要原因：发生倒秧的原因既有气候条件的客观影响，也有秧苗素质、机插操作、整地效果差等原因。秧苗素质弱，没有达到壮秧标准，整地粗糙，平整度差，沉淀时间短，机插作业不当，秧针磨损严重，造成伤秧、漂苗，严重倒秧。

防治措施：重点要培育壮秧。提高平整土地质量，地表高低差不大于 3 厘米，无残杂、无杂草、无杂物，确定沉淀时间，适宜调整插秧机深浅度，减少漂苗。

130. 机插苗数不均匀的症状和原因是什么？如何防治？

症状：机插秧每穴 5~7 棵，但是在生产上常有 2~3 棵，每穴苗数很不均匀。

主要原因：机插每穴苗数均匀性与机插育秧的播种、育秧、整田、机插水平有关。在育秧中，因出苗、发病、肥害、药害等因素引起烂种、死苗等情况，秧盘中秧苗不均匀。整田质量差，高低不平，特别是秸秆还田，稻草成团，秧苗插在稻草上引起死苗，机插取秧不均匀也会造成机插苗不均匀。

防治措施：加强苗期防病，提前通风炼苗。提高机插整田质量，防治稻草还田对机插质量的影响，整田要平整、土壤要沉实。机插前检查秧爪的取秧大小，可选用钵毯苗机插，提高秧苗均匀性。

131. 机插后败苗的症状和原因是什么？如何防治？

症状：水稻秧苗插完后在大田发生的秧苗叶片干枯死亡的现象，影响

返青，推迟秧苗生长和分蘖时间，还会造成成熟期推迟，严重的影响水稻产量。

主要原因：机插秧苗败苗现象，与秧苗质量、机插时的气温、整田质量及插秧发生的伤秧程度有关。下种密度大，苗弱，秧苗质量差、插后气温低，机插后败苗现象会很严重。

防治措施：培育壮苗，盐水选种，控制水分、控制温度。提高机插整田质量，降低稻草还田对机插质量的影响。整田要平整、土壤要沉实；弱苗、病苗、徒长苗禁止使用。

132. 机插后死苗的症状和原因是什么？如何防治？

症状：机插后秧苗大面积干枯死亡，需要严重补苗。

主要原因：育秧期间，秧苗已经发生严重立枯病、青枯病、绵腐病等病害，秧苗黑根。使用这种苗机插后 3~5 天就会发现机插秧苗局部或大面积秧苗干枯死亡。

防治措施：①培育壮苗；②盐水选种控制水分、控制温度；③弱苗、病苗、徒长苗禁止使用。

133. 机插苗返青慢、僵苗的症状和原因是什么？如何防治？

症状：秧苗插后叶片发黄，生长缓慢，不长新叶和分蘖。

主要原因：秧苗播量大，秧苗素质差，抗逆能力弱。机插伤秧严重，缓苗期相对长，插秧后遇见低温冻害。

防治措施：①培育壮秧，适宜控制播种量、均匀播种、药剂防病；②采用毯式秧盘育苗，降低机插伤秧伤根率；③可以采取水寄苗方法提前水养根；④可以配合菌剂与基础肥料，前面施肥，后面插秧；⑤避免超过秧龄时间，最佳时间 35 天左右，不插老龄苗；⑥除草剂一定要达到安全间隔期，至少 7 天以上。

134. 秧苗栽后不发苗的症状和原因是什么？如何防治？

症状：秧苗插秧后不发棵，叶片发黄，根系不下扎且发黑，田面有大量气泡，土壤发臭。

主要原因：秸秆还田后，春天温度低，稻草不能充分腐熟，稻草腐熟过程中要消耗大量的氮素，这样造成了秸秆降解菌与秧苗竞争氮素，造成秧苗缺氮素。秸秆降解过程中产生大量的还原物质，对秧苗根系生长产生毒害，发根差，进一步阻碍秧苗发棵。

防治措施：采取深翻方式将稻草压埋在深层土壤，减少稻草腐解对秧苗根系的影响。针对稻草还田腐解困难以及腐解过程中产生的有机酸和氮素固定对水稻秧苗生长的危害，在插秧前 1~2 天每公顷施用 5 亿菌剂 40 千克配合 50 千克硫酸铵或者复合肥（掺混肥）都可以。利用菌剂促进稻草分解的特性，中和腐解过程产生的有机酸，降解土壤微生物对氮素的淋溶与挥发，减轻稻草还田对稻苗生长的不利影响。

135. 秧苗栽后发僵的症状和原因是什么？如何防治？

症状：僵苗，又称坐蔸，是水稻返青分蘖期出现的一种不正常的生长状态，具体表现为植株矮小瘦弱、生长停滞、出叶缓慢、叶尖干枯、分蘖少且发生迟、根系细瘦、色泽不正常且生长受阻，导致水稻后期穗少穗小，粒少粒轻，从而影响产量。

主要原因：缺素性僵苗，常见的有缺磷、钾、锌三种元素造成的僵苗，这三种僵苗均表现出叶分蘖受阻；冷害僵苗。主要是水稻插秧后遭遇寒潮低温冷害侵袭，同时加上连续阴雨的灾害性天气。除叶色暗绿、生长停滞外，往往上部叶片有水渍状病斑，并有死苗；中毒性僵苗，主要是用了未腐熟的有机肥，在土壤中发酵，消耗土壤氧气使得根系缺氧，同时有机物分解产生大量还原性物质，毒害根系。

防治措施：水稻僵苗应采取以预防为主，补防为辅的综合性措施，正确诊断病因，及时采取补救措施。对中毒田块要采取排水晒田、增温补氧措施；适当施用生物菌剂来提高土壤有机质分解。对冷害僵苗的地块，要采取浅、干、湿交替灌溉，适当补充矿源黄腐殖酸钾与锌。因缺素发生僵苗后，应按照症状判断所缺营养元素，再根据缺啥补啥的原则，采取诊断性措施来处理。

136. 秧苗栽后不长（不分蘖）的症状和原因是什么？如何防治？

症状：插秧后，秧苗分蘖慢、分蘖少。

主要原因：分蘖发生与温度有关，分蘖期最适宜温度为 30～32℃，低于 20℃或高于 37℃均可能造成分蘖减少。分蘖发生与光照有关，光强低于自然光照 5%时，分蘖不发生甚至死苗。分蘖期养分缺乏尤其是氮磷钾不足，影响分蘖发生。

防治措施：早施返青肥，氮素营养对水稻分蘖起着主导作用，水稻分蘖期的需肥量是全生育期的 25%～30%，所以早施返青肥是早生快发的最佳措施。每公顷插秧前 1～2 天施用硫酸铵或者复合肥 50 千克加生物菌剂 40 千克，前面施肥后面插秧。

137. 移栽田杂草多的症状和原因是什么？如何防治？

症状：水稻移栽后田里杂草过多，与水稻竞争光照、养分。

主要原因：水稻移栽后除草不及时，导致除草效果欠佳，稻田草害损失不断加重。

防治措施：建议采取 3 次杂草芽前封闭除草。①打浆时每公顷 85%丁草铵 1500 克+10%吡嘧磺隆 300 克二次稀释加 45 千克水刺溜，一周后插秧。②插秧前 3 天每公顷 10%丙炔恶草酮 500 克+50%丙草胺 800 克二次稀释加 45 千克水刺溜，3 天后插秧。③插秧后 7～15 天每公顷 80%苯噻草胺苄嘧（干悬浮）540 克+68%苯噻吡（干悬浮）540 克+50%二氯 120 克与毒土或毒肥撒施，保持水层 5～7 厘米 5～7 天。

138. 苗期叶片徒长的症状和原因是什么？如何防治？

症状：秧苗生长过旺，出现浓绿徒长现象，表现叶片披散。

主要原因：氮肥施用过多，氮是水稻生长最重要的营养元素，是蛋白质的重要组成成分，也是绿叶素组成的重要物质。水稻缺氮时，植株生长矮小、黄瘦、分蘖少，穗小粒少。但氮肥过多时，植株体内氮素代谢非常旺盛，形成大量蛋白质和非蛋白质氮，大大刺激地上部生长，使植株体内的糖分集中形成茎叶，糖分运向根部的数量大大减少，根的生长受到抑制，植株表现头重脚轻。

防治措施：如果徒长程度不严重，控制氮肥的同时采取间歇灌溉或晾田，控制植株对氮素的吸收，使植株体内氮素代谢逐步趋于正常，消除徒长的危害。如果徒长程度比较严重，采取晒田措施，控制植株对氮的吸收，及时防治病虫害。

139. 分蘖过多的症状和原因是什么？如何防治？

症状：水稻分蘖期间管理不当往往造成单位面积或每穴分蘖数量过多，分蘖成穗率低，穗形小，结实率不高，还会造成病虫害严重等问题。

主要原因：基蘖肥过量，特别是氮肥用量过大，水稻秧苗营养过于充足；插秧过密、插秧棵树过多；没有按照每亩目标穗数和分蘖数搁田控苗。

防治措施：合理稀植，根据不同品种分蘖率合理掌握每穴棵数。科学施肥，采用"前稳、中控、后补"的肥料运筹方法。分蘖肥要分两次施肥，以肥来调节和利用最适分蘖节位、控制中期群体。适时搁田，控制无效分蘖数量。苗势较好的田块要适当重搁，苗数较少、长势较差的要轻搁。

140. 叶片长分蘖少的症状和原因是什么？如何防治？

症状：水稻营养生长期叶片生长过长，同时分蘖较少。

主要原因：移栽秧龄过大，移栽后营养生长时间过短。

防治措施：及时移栽，防止超秧龄移栽。

141. 秧苗叶片发黄（缺氮）的症状和原因是什么？如何防治？

症状：多表现为叶片小，叶色淡黄，从老叶向上黄化，且下部叶片叶色淡于上部叶片叶色，植物生长缓慢，分蘖迟，穗小、子粒不饱满，产量很低，重则全株落黄，并逐渐枯死。同时，根系功能明显下降，发根慢，黄根较多，在耕层浅瘦、基肥不足的稻田时有发生。

主要原因：土壤有机质缺乏、耕层浅瘦、氮肥供应不足或没有及时供应。比如在分蘖期供氮不足，极易发生缺氮症。

防治措施：在缺氮地块，掌握好施氮量，在用氮素的情况下可以适当加入生物菌剂或者矿源腐殖酸钾以增进氮素的吸收与利用。

142. 秧苗生长呈簇状（缺磷）的症状和原因是什么？如何防治？

症状：水稻生长发育初期缺磷，生长点的细胞增长受阻，植株生长缓慢，个体矮小，茎叶狭细，叶片直挺，穴顶齐平，即"一炷香"株型，分蘖少甚至无；叶色变深，呈暗绿色、灰绿色或灰蓝色；老叶出现红褐色不规则斑点，或沿着叶脉出现褐色条斑，形成赤枯症，还易引起胡麻叶斑病；抽穗、成熟延迟，减产严重。缺磷常在生育前期形成"僵苗"，表现为生长缓慢，不分蘖或延迟分蘖，秧苗细弱不发根。叶色暗绿或灰绿带紫色，叶形狭长，叶片小，叶呈环状卷曲。老根变黄，新根少而纤细，严重时变黑腐烂。产生期不一致，穗小粒少，千粒重低，空壳率高。

主要原因：缺磷引起。磷肥进入土壤后，在酸性条件下，易被铁、铝离子固定；在微碱性和石灰性条件下，易被钙离子固定。因此，它的有效度很低，常使水稻表现缺磷现象。

防治措施：发现缺磷可以叶面补喷磷酸二氢钾，水稻生育前期对磷比较敏感，吸收的磷肥占需磷量的比例也较大，磷肥在土壤中移动性较小，所以要集中施肥，最好分两次施肥。

143. 秧苗叶片发红（缺钾）的症状和原因是什么？如何防治？

症状：水稻缺钾会引起赤枯病，导致植株矮小，分蘖少，叶短而发黄，叶尖出现赤褐色斑点，向叶基逐渐扩展，老叶最先出现赤褐色斑点，后逐渐向新叶、叶尖和叶茎部延伸，形成赤褐色条块和条斑，每长出一片新叶，就增加一片老叶的病变，最终整株呈褐色，只留下少数新叶保持绿色。病株根系生长慢，整个根系呈黄褐色或暗褐色。

主要原因：稻田土壤钾含量不足，没有平衡施肥，偏施氮磷肥。土壤过酸或过碱。土壤 pH 值在 7 左右时，土壤有效钾最多，土壤过碱会导致水稻难以吸收钾，土壤过酸则易导致钾素流失。

防治措施：稻田要配合生物菌剂溶磷、解钾、固氮，达到肥料最高利用率，可以在水稻生育期叶面补充磷酸二氢钾。

144. 叶片脱水青枯（干旱）的症状和原因是什么？如何防治？

症状：水稻干旱发生的主要时期为秧苗期、移栽期、分蘖期、抽穗期、灌浆期，危害的主要特征：秧苗期干旱育秧困难、成苗率低、死苗，造成水稻无法播种；分蘖期干旱会导致分蘖减少，生育推迟，穗数减少，产量降低，穗分化期干旱会导致叶片卷，穗子变小，穗粒数减少，产量降低。

主要原因：受全球变暖及气候变化异常影响，插秧密度过大，苗弱，抗旱性减弱。

防治措施：选择抗旱品种，合理稀植培育壮苗。

145. 淹水危害的叶片腐烂的症状和原因是什么？如何防治？

症状：分蘖期淹水 2~3 天，出水后尚能逐渐恢复生长，淹水 4~5 天，地上部分全部干枯，但分蘖芽褐茎生长点尚未死亡，故出水后尚能发生新叶和分蘖；淹水时间越长，生长越慢；稻株表现为脚叶坏死，呈黄褐色或暗绿色，心叶略有弯曲，水退后有不同程度的叶片干枯。幼穗分化期淹水 2~3 天，颖花分化受抑制，幼穗不能抽穗；随着淹水天数和淹水深度增加，节间延长程度愈大。但在水退后，植株伸长节间缩短，甚至穗颈节也缩短，在严重受涝情况下，造成茎秆细弱，出现植株弯曲、折断以及倒伏等现象。

主要原因：水稻涝害主要是长期淹水条件下，水稻组织缺氧，无氧呼吸造成大量碳水化合物消耗，同时无氧呼吸产生的酒精造成毒害。洪涝一般带有大量泥沙，泥沙覆盖叶片，阻碍气体交换，泥沙覆盖叶片影响光合作用，阻止叶绿素形成。

防治措施：水退后，早晨到田间检查，如稻苗叶尖吐水珠，表示有生机，肯定没死；用手捏基部，如基部坚硬，表示仍有生机；如已软蔫，则已死亡。水退后，若遇天晴干燥，稻苗倒伏枯萎，表示已死，如成弓形不倒，仍能恢复生机。退水时，随退水捞去漂浮物，可以减少稻苗压伤和苗

叶腐烂现象；退水时用竹竿来回振荡，洗去茎叶上的泥沙，对稻苗恢复生机效果良好。涝害发生后还要根据稻苗的生长情况，适当补施速效肥料，促进分蘖或长穗，及时喷施杀菌剂，以防细菌性条斑病或白叶枯病的危害。

146. 盐害造成的叶片枯死的症状和原因是什么？如何防治？

症状：在盐碱地种植水稻，水稻受到盐害会出现生长滞缓、植株瘦小、不分蘖，下部叶片转黄、发白、叶尖卷曲，最后枯死。

主要原因：土壤和灌溉水含盐量高，一般盐碱地土壤盐量在 0.3%~0.5%时，水稻苗期叶片就会出现变黄、发白、叶尖卷曲、叶片干枯现象。水稻品种耐碱性存在较大差异，有的品种可以在土壤含盐量 0.5% 环境下生长，大多数品种在土壤含盐量 0.3% 环境下出现盐害症状。盐碱地洗盐不当，土壤中盐分含量仍然较高，种植水稻会出现盐害；盐碱地种植水稻不建立水层，导致土壤返盐，也会出现盐害。

防治措施：选择抗盐碱品种、多次清水洗盐碱、长期保持水层，不能缺水。要选择酸性肥料，严禁施用双氯基肥料。

147. 纹枯病危害的条斑枯死的症状和原因是什么？如何防治？

症状：纹枯病又称云纹病，俗称花足秆、烂脚瘟、眉目斑。苗期至穗期都可发病。叶鞘染病，在贴近水面处产生暗绿色水渍状模糊小斑，后渐扩大呈椭圆形或云纹形，中部呈灰绿色或褐色，湿度低时中部呈淡黄或灰白色，中部组织破坏呈半透明状，边缘暗褐；发病严重时数个病斑融合形成大病斑，呈不规则云纹斑，常致叶片发黄枯死。叶片染病，病斑也呈云纹状，边缘褪黄，发病快时病斑呈污绿色，叶片很快腐烂。茎秆受害，症状类似叶片，后期呈黄褐色，易折。穗颈部受害，初为污绿色，后变灰褐，常不能抽穗，抽穗的瘪谷较多，千粒重下降，湿度大时，病部长出白色网状菌丝，后汇聚成白色菌丝团，形成菌核，菌核深褐色，易脱落。高温条件下病斑上产生一层白色粉霉层即病菌的担子和担孢子。

主要原因：由立枯丝核菌感染得病，多在高温、高湿条件下发生，纹枯病在南方稻区危害严重，病菌主要以菌核在土壤中越冬，也能以菌丝体在病残体上或在田间杂草等其他寄主上越冬。春灌时菌核漂浮于水面与其他杂物混在一起，插秧后菌核黏附于稻株近水面的叶鞘上，条件适宜生出菌丝侵入叶鞘组织，菌丝又侵染邻近植株。水稻拔节期病情开始激增，病害向横向、纵向扩展，抽穗前以叶鞘危害为主，抽穗后向叶片、穗颈部扩展，早期落入水中菌核也可引发稻株再侵染。

防治措施：打捞菌核，减少菌源。合理稀植，水稻纹枯病发生程度与水稻群体的大小关系密切，群体越大，发病越重。因此，适当稀植可降低田间群体密度、提高植株间的通透性、提高光照，从而达到有效减轻病害发生及防止倒伏的目的。加强栽培管理，施足基肥，早施追肥，不可偏施氮肥，增施磷钾肥，采用配方施肥技术，使水稻前期不疯长、中期不徒长、后期不贪青。灌水做到分蘖浅水；够苗露田、晒田促根、肥田重晒、瘦田轻晒、长穗湿润、不早断水、防治早衰，要掌握"前浅、中晒、后湿润"原则。加强药剂提前防治，建议选择持效期比较长的农药，如30%苯甲丙环唑、5%已唑醇、枯草芽孢杆菌等按照说明书使用。最佳用药时间6月10日至6月30日。

148. 除草剂药害（叶片发黄）的症状和原因是什么？如何防治？

症状：田间大面积表现出水稻植株明显矮小，生长停滞，叶片不展开，叶片呈筒状，分蘖少且发生慢，水稻发新根速度慢，根系变褐色，严重时根部腐烂，植株死亡；水稻茎叶部和根部畸形，常见的畸形有卷叶、丛生、肿根、畸形穗。

主要原因：除草剂药害从施药时间和施药量来判断。施药期短（温度低）以及施药量大，出现药害严重；含有隐形成分的农药易出现药害；叶面除草剂浓度过高出现药害。

防治措施：按照除草剂使用说明书合理使用，控制施药量，稻田水层要达到5~7厘米，保持5~7天正常管理。选择常规水田除草剂要控制施药浓度，不要盲目加大用量。出现药害后要排水晒田1~2天，然后上新水，再配合喷施速溶锌与矿源黄腐殖酸钾来解除药害。每公顷速溶锌500克+

矿源黄腐殖酸钾 1000 克兑 300 斤水喷雾。

149. 灭生性除草剂药害（枯死）的症状和原因是什么？如何防治？

症状：药害初期叶片呈现焦枯斑点，受害的水稻 1~2 天后出现心叶卷束，像竹叶一样，叶色淡黄，但老叶正常。随着时间的推移，心叶渐渐枯黄如螟虫危害的枯心苗，继而枯死腐烂，紧接着蔓延到下部叶片和基部，最后连根系一起腐烂。

主要原因：在使用灭生性除草剂除田埂杂草时，由于保护措施不到位（未用保护罩）、大风时喷雾、喷头提得过高等，导致田埂旁边的水稻遭受药害；喷用灭生性除草剂的药桶未洗净而喷施在水稻上造成药害。

防治措施：对内吸传导式除草剂，无法救治。非内吸传导性药剂，仅在着药部位出现坏死斑，不会对新叶造成危害，在药害不严重的情况下，可以喷施叶面肥与生物菌剂，追施速效肥促进新叶快速生长，进而恢复水稻生长，出现药害后要排水晒田 1~2 天，然后上新水，再配合喷施速溶锌与矿源黄腐殖酸钾来解除药害。每公顷速溶锌 500 克+矿源黄腐殖酸钾 1000 克兑 300 斤水喷雾。

150. 翘稻头的症状和原因是什么？如何防治？

症状：主要表现为稻穗比正常穗的穗数少，枝梗较少，子粒达不到正常粒数的一半，颖壳发生开裂，米粒外露，且发黑、发黄、穗直立上翘，俗称"翘穗头"。

主要原因：受低温冷害影响。水稻幼穗分化期的最适宜温度为 26~30℃，在水稻孕穗期，如遇日平均气温连续 3 天以上低于 19~23℃，最低温度低于 15~17℃，将影响花粉的正常形成，造成花粉败育，抽穗扬花期如遇日平均低于 23℃的温度将影响裂药、授粉。养分施用比例不合理，烤田不适时适度，后期氮肥施用过多过迟，降低了植株的抗逆性。

防治措施：选择抗低温的水稻品种，应具备生育期适宜、高产、优质、抗逆性强等特性。在遇低温冷害时，增加稻田水层深度，灌水深度

6~10厘米，可以起到以水调温的效果。在水稻孕穗期、抽穗期发生冷害时要及时喷施磷酸二氢钾或枯草芽孢杆菌，可以增强稻株的抗低温能力。

151. 叶片披垂的症状和原因是什么？如何防治？

症状：水稻抽穗开花期叶片大面积柔软，抽穗不整齐，倒三叶生长旺盛，叶片宽而长，柔软而下垂，特别是早晨有露水时叶片披垂显著，叶色浓绿，生育期显著延迟。

主要原因：中后期追肥过多或过晚，造成无效分蘖增多，群体过大，导致幼穗分化和生育进程推迟。特别是水稻抽穗后，施氮素化肥过多，造成叶片生长过旺，植株贪青，不利于营养物质向穗部转运和积累，使灌浆速度减慢，谷粒不饱满，粒重降低，空瘪粒增加。生育中期受旱，生长发育失调，稻株不能吸收养分进行营养生长，提早进入生殖生长，后期遇到适宜水分，导致叶片生长迅速。

防治措施：合理施肥，在合理稀植的基础上，做到看天、看苗、看田科学施肥和管水。尤其是后期要因苗施肥。水稻抽穗后，发生徒长和叶片披垂，最有效的方法是及时排水晒田。晒田的时间和程度，看稻苗的颜色而定。如晒田5~7天，叶片已经由浓绿转黄时，停止晒田，复浅水保持田间湿润；如稻苗叶片未转黄，继续晒田，如植株叶色已经转为正常，可复水保持浅水层或湿润灌溉，保持干干湿湿，促进早熟、活熟。在晒田期间，可以叶面喷施磷酸二氢钾2~3次，从而提高穗粒数和结实率。

152. 无效分蘖多的症状和原因是什么？如何防治？

症状：一般在分蘖后期发生的分蘖，多数会中途停止生长而不能成穗，白白浪费养分，视为无效分蘖。

主要原因：在生长条件适宜的情况下，主茎在分蘖前期有较多的养分供给分蘖生长，而在分蘖后期，由于主茎叶片、茎秆、穗的迅速生长需求大量的营养，对分蘖的物质供应便会急剧减少，这时不足三叶的分蘖由于营养供给不足而停止生长，成为无效分蘖。

防治措施：及时晒田。分蘖末期排水晒田，适当减少稻田水分的供

给，防止分蘖过多。拔节后要减少肥料撒施以及叶面施肥，特别是氮肥的用量。浅水勤灌。水稻插秧返青后，应尽量做到浅水勤灌，除低温阴雨天气或寒冷的夜间需要灌深水外，晴天田间保持3厘米左右水层即可，以提高水温、泥温，促进秧苗早发分蘖，多发低位大蘖，抑制无效分蘖的发生。

153. 高节间分蘖的症状和原因是什么？如何防治？

症状：高节间分蘖为水稻茎节倒数第2~3茎节处出现的分支，可单独成穗，具有形成有效穗的潜力，但是由于和主穗的生育进程相差较大，正常大田条件下主茎穗成熟时，高节位分蘖穗往往为不成熟状态，并不能作为成熟子粒收获。但当主茎穗部遭受高温胁迫等恶劣环境产量受损时，高节间分蘖的出现可以弥补一定程度的产量损失。

主要原因：在正常大田条件下，水稻高节间分蘖出现的主要原因是土壤肥料供应冗余，肥水调控不协调，水稻植株源库不协调，水稻同化物过多积累在茎节中，导致高节间分蘖出现。特别是穗分化期和开花期受高温影响后，水稻叶片生长并不受高温胁迫的影响，而穗发育和颖花结实受高温的抑制，叶片形成的干物质不能有效供给穗发育，导致出现高节间分蘖。

防治措施：合理稀植，根据土壤肥力和预期水稻产量精确定量施肥，做好水肥管理，特别是水稻拔节期和穗分化期要控制肥水，使叶片生长和穗发育相协调。水稻穗分化期和开花期遇到高温胁迫时，要明确热害的影响程度，短期受热害并不会显著影响群体的物质积累和运转，合理的肥水管理就能够有效缓解；如遇长时间的极端高温天气，主茎穗部产量损失达70%以上，可施肥培育高节间分蘖，即蓄留再生稻，可降低水稻产量损失。

154. 一日内水稻开花高峰在什么时候？生产上怎样利用？

水稻在正常情况下，每天9~10时开花，11~14时最盛，14~15时停止。

掌握水稻一日内开花规律，对水稻杂交制种有很大帮助。掌握好花期，一是使父母本花期相遇，提高结实率；二是进行人工辅助授粉，提高杂交结实率；三是对保持系进行去杂去劣，提高不育株率。

155. 抽穗不整齐的症状和原因是什么？如何防治？

症状：水稻抽穗参差不齐，有的还未扬花，有的稻穗却已半成熟。

主要原因：①种植品种不纯，或者是多年自繁后品种退化。栽培管理技术不当，如栽培密度过低，单株分蘖成穗偏多，或播种过大、插秧过密，秧龄过长、田间发生僵苗和病虫危害，均会导致稻株发育进度不一，抽穗不齐。②病害原因，如水稻缺钾易出现胡麻斑病的症状，发叶植株新叶抽出困难，导致抽穗不齐，或前期水稻条纹叶枯病造成死苗，后期小分蘖成穗多，导致抽穗期不一，穗层不整齐；气候因素，如高温干旱，日照充足，会导致有些稻株生长进程加快，提前进入生殖生长期，从而发生早穗，导致抽穗不齐。

防治措施：选择纯度高的水稻品种，自留品种需做好种子提纯。合理设置种植密度，做好肥水管理，合理优化水稻群体，防治病害发生。出现高温深水护苗。破口期、齐穗期各打一次磷酸二氢钾促进抽穗。

156. 穗抽不出的症状和原因是什么？如何防治？

症状：水稻最上部节间缩短，出现包茎现象，导致水稻颖花开花受阻，结实率低，每穗粒数下降，产量下降50%以上。

主要原因：异常的气候条件如孕穗期遭遇干旱、高温或者低温。干旱缺水易导致水稻生理机能受阻，发育不良，生长停滞，干物质积累减少，茎叶伸长受阻，孕穗后期则导致水稻抽穗受阻或抽穗不出来。孕穗如遇20℃以上的低温天气，水稻抽穗会受阻；药剂喷施不当。在防治病害过程中，水稻破口期过量施用唑类药物，会影响水稻植株体内代谢，影响节间伸长而导致包茎现象；由水稻特殊病害引起。如水稻鞘腐病等病害，导致水稻长势较弱，影响抽穗。

防治措施：掌握适宜的肥水调节措施，防止高温或低温危害。根据水稻需水习性，采取间歇深蓄、间接浅蓄、前干后水等方法，提高水稻后期

的抗旱能力和水分利用效率。水稻破口期到抽穗期间免疫功能差，对唑醇类农药十分敏感，建议该期间不施用此类农药，避免对水稻抽穗开花和子粒结实造成影响。在水稻孕穗期要及时进行病害防治，根据不同病害的特点选用有效的药剂，尽量做到单病单防，不要一药多防。病害防治以破口3%时进行为宜。

157. 子粒不结实的症状和原因是什么？如何防治？

症状：灌浆不实，每穗实粒数减少，瘪粒增多，千粒重下降，产量降低。

主要原因：干旱危害。水稻穗分化形成期植株蒸腾量大，水分需求多，是水分敏感期，该期遇干旱，会导致抽穗困难，穗型变小，结实率下降，进程放缓。灌浆成熟期稻田无水干裂，会造成叶片过早枯黄，粒重降低。低温危害。低温引起水稻结实率下降最敏感的时期是减数分裂期，此期遇低温可导致水稻花药发育不良，花粉形成受阻，影响后期授粉受精。开花期是低温影响的次敏感时期，此期低温影响水稻抽穗开花。高温危害。减数分裂期遇到高温天气影响花粉发育；开花期高温导致花药开裂受阻，导致颖花受精后子房不膨大，颖花形成空粒、瘪粒。

防治措施：合理肥水管理。适当增加行距和株距，构建适宜群体，有利于水稻群体内部空气流通，利于降低温度，群体质量的提升可提高水稻个体抵御高温的能力；灌深水可以有效降低穗部温度和水稻群体温度，减轻高温热害；利用微肥和生物菌剂对抗高温有一定效果，孕穗期施用枯草芽孢杆菌、锌肥和磷酸二氢钾等可以提高结实率。

158. 叶尖发焦（干热风）的症状和原因是什么？如何防治？

症状：水稻上部叶片的叶尖，通常3~5厘米，先是发白，后卷曲发焦。

主要原因：生理性叶尖发焦。主要是由于水稻生长后期根系活力衰退，或者是脱水脱肥引起的，有的与品种特性有一定关系；缺钾、缺锌。水稻如果大量短缺这两种元素会造成叶尖发黄发焦；肥害。主要是秸秆还田氨气，还有双氯基肥料或者农药施用不当造成叶尖焦灼黄化。

防治措施：对于生理性叶尖发焦，可选种抗旱衰品种，保持田间水分充足；对于缺素造成的叶尖发焦，最好的方法是叶片补充锌肥和磷酸二氢钾；对于肥害引起叶尖发焦，可以补充矿源黄腐殖酸钾与锌肥叶苗喷施。

159. 穗颖花退化的症状和原因是什么？如何防治？

症状：水稻穗分化期 25℃以下低温易导致穗顶部颖花退化，穗变小，水稻每穗粒数减少，产量降低。

主要原因：颖顶部颖花生长干物质供应不足所致。高温条件下水稻穗发育过程中干物质利用率低，水稻穗发育抗氧化能力降低，颖花形成受到伤害，造成颖花退化。低温条件下，水稻穗发育停滞，水稻干物质积累供给不足，引起穗顶部颖花退化。干旱、大田栽培措施不当（播种期过早、过晚、种植方式不合理、氮肥施用不当等）也会引起穗顶部颖花退化。

防治措施：选抗性强、颖花退化率较低的品种。做好防控，遇到高低温、干旱等环境胁迫时及时采取栽培措施，减少颖花退化的发生。如遭遇高温，灌深水降低穗部的温度能够有效缓解高温对穗发育的影响，喷施磷酸二氢钾能够缓解穗顶部的颖花退化。合理种植制度和水稻生长前期有效的肥水管理，使水稻植株有较强的根系活力，能够促进干旱下肥水管理的利用和吸收，缓解高温带来的损失，正常条件下，穗期氮肥施用过多或过少均不利于颖花形成。为此，根据不同品种的生育期和穗发育特性，安排合适的播栽期。一方面，能够有效避开高温和低温等环境胁迫。另一方面，能使水稻达到最佳的水稻生长状态。明确最佳肥料的施用量和时间，可减少颖花退化的发生，水稻在穗发育期，适当增加生物菌剂，能提高茎鞘的干物质供应水平，促进水稻穗粒形成。灌浆期遇旱及时灌溉可有效抵御低温干旱危害造成的影响。

160. 高温危害白穗的症状和原因是什么？如何防治？

症状：有两类。一类是水稻整株退化，即稻穗上所有的颖花和枝梗均退化，穗粒数为 0；另一类是稻穗失水泛白。

主要原因：由环境条件导致。如穗分化期长时间受高温失水或高温干旱胁迫，导致穗发育严重受阻，颖花大量退化，进而形成白穗。

防治措施：孕穗期科学灌水，保持一定的水层，有效控制水稻穗部温度，对高温干旱引起的白穗现象有明显的抑制作用。

161. 颖花畸形（鹰嘴穗）的症状和原因是什么？如何防治？

症状：颖壳扁平扭曲、畸形、不闭合、部分外颖顶端弯曲，包住内颖的顶部并向内颖一侧突出，很像老鹰嘴，黄熟期仍保持绿色，灌浆不良，呈瘪谷。

主要原因：水稻花粉母细胞减数分裂期、颖花分化期、抽穗开花期遭受水分的急剧变化，先是缺水，而后突然灌水、营养生长骤然旺盛起来，生殖生长受到严重抑制，导致生埋性病害发生；土壤有机质含量低，营养元素缺乏，除草剂超量药害严重；秧苗弱。大穴密植，通风透光差，未及时搁田，根系没有扎深，抗逆能力差；灌溉水中含有碱性、重金属残留及三氯乙醛等物质。

防治措施：改良土壤，调节土壤团粒结构。增施有机肥，提高土壤有机质含量，降低有毒物质活性，提高水稻解毒能力，插秧前每公顷施用菌剂40千克。既能提高水稻根系活力，又能增加对水肥的吸收能力。增施含硫元素的肥料，科学水肥管理。

162. 水稻贪青的症状和原因是什么？如何防治？

症状：水稻到了生育后期，茎叶仍繁茂呈绿色，迟迟不开花抽穗，称为贪青晚熟。

主要原因：肥料使用过量，特别是氮肥使用过量，导致水稻叶片一直浓绿。

防治措施：确定适宜种植密度，一、二积温带 9×6 或 9×7 寸，三级积温带 9×5 寸，合理施肥，控制氮肥用量，防止前期生长过旺，群体过大。同时，后期看苗施肥，对生长过旺的水稻，减少穗肥氮肥施用量。群体数量够用，合理搁田，控制无效分蘖。破口期、齐穗期各打一次磷酸二氢钾促进抽穗。

163. 水稻早衰的症状和原因是什么？如何防治？

症状：正常生长条件下，水稻抽穗至成熟阶段，随着谷粒的成熟，叶片由下而上逐渐枯黄，至谷粒成熟上部叶片仍然保持绿色。而早衰水稻植株叶片则呈棕褐色，叶片薄而纵向弯曲，叶片顶端显示污白色的枯死状态，远看一片枯黄，呈现"未老先衰"的现象，叶片早衰导致绿叶面积急剧减少，功能叶片光合时间缩短，光合能力降低，空瘪率增多，影响水稻产量和品质。

主要原因：生育前期生长过旺，后期出穗后叶片内积蓄的营养物质运转较快，在肥水管理不当的情况下，群体与个体间的矛盾加深，养分不足导致根部缺氧，造成叶片早衰。前期种植密度过大，后期稻株田间荫蔽严重，叶片光合作用能力削弱，根系活力受到影响，吸收养分的能力减弱，使稻根早衰而失去养根保叶的功能，引起早衰。水稻后期断水过早，使植株缺水叶片枯萎，光合作用减弱；长期淹水灌溉或灌水太多引起土壤通透性不良，阻碍根系生长，根系吸收养分能力减弱，导致早衰。水稻前、中期氮肥施用过多，后期脱肥，磷、钾及微肥相对供应不足，致使植株因得不到养分补充，对地上部养分供应减少，叶片内氮素含量下降，出现叶片枯黄，发生早衰现象；高温热风，低温寒潮等不良气候影响使水稻根、叶生理活动受阻，出现早衰；水稻生长后期如遇高温、热风，叶片呼吸作用过旺，水肥供应不足，叶内氮素下降，会导致水稻生长衰弱，叶片提前衰老枯黄，发生早衰；水稻灌浆期遇到低温寒潮（特别是 5~6℃低温）或日照时数过少，极易导致耐寒能力差的品种和根系发育不良的植株因同化物质生成和转移速度减慢，出现叶片变色而早衰。

防治措施：改良土壤。每年要进行秋翻整地，合理翻耕改变土壤的理化性质，增强土壤的通透性，促进根系发育，预防水稻早衰。合理施肥。合理施肥可增强稻株抗病能力，防止早衰，但切忌迟施、偏施氮肥。应施足基肥，早施追肥，氮、磷、钾合理搭配，以满足水稻在不同生育时期对养分的需求，防止中期脱肥，后期早衰。追肥宜少量多次，看苗施肥，防

止一次施肥过多，对缺肥早衰的田块应补施菌剂来提高土壤的通透性；科学灌溉。水稻生育前期，应合理浅灌，提高水温，促进新根发生，水稻生育后期齐穗后到灌浆期，要保证水分充足，严禁长期漫灌，应采取干湿交替、湿润灌溉、推迟灌水的灌溉方法，协调土壤、水、温、气的矛盾，增强根系活力，延长叶片功能期来防止早衰；水稻进入黄熟期后要根据具体情况停水或排水，以利收获，防止后期断水过早，提倡养老稻，养根保叶。

164. 叶片徒长的症状和原因是什么？如何防治？

症状：叶片是水稻的主要光合器官，叶片角度与光合速率有密切关系，是水稻重要的形态特征。由于水稻本身特性或生长过旺，上三片叶过大过长，水稻还未成熟，叶片与茎秆的夹角无限大，叶片徒长，造成披垂，相互遮阴，引起叶片早衰，影响产量和品质。

主要原因：氮肥施用过多，或穗肥施用时间偏晚，水分管理不当，上三叶生长过旺，水稻剑叶的长、宽和长宽比均相应增加，群体透光较差，造成徒长披垂。

防治措施：优化穗肥施用方法，从产量和稻米品质上综合考虑，减少穗肥的施用量，穗肥要看长势施肥，主穗放圆1厘米小节施肥，效果最佳。全生育期包括两次深水期、插秧后用药期、水稻孕穗期，其他时期水层采取浅干湿交替灌溉。

165. 剑叶过长的症状和原因是什么？如何防治？

症状：剑叶作为水稻灌浆期最重要的功能叶片，适当提高它在群体中的比例可以有效减轻抽水后的叶面积的衰老，但剑叶过长会造成披叶，对群体通风透光及光合生产不利，还会增加发病机会。

主要原因：品种本身特性决定。有些高产水稻品种植株本身高大，上三叶面积较大，叶片易徒长披垂。穗肥施用过多，宽和长宽比均相应增加，群体透光较差，容易造成徒长披垂。

防治措施：肥料管理。早施、重施分蘖肥，氮、磷、钾合理搭配，不要偏施氮肥，高肥力的田块应减少氮肥施用量；水分管理。浅水分蘖，够苗露晒，孕穗期深水护苗。干干湿湿至成熟，中期要注意控苗搁田，防止剑叶过长。

166. 叶片褐色斑点的症状和原因是什么？如何防治？

症状：叶上散生许多大小不等的病斑，病斑中央为灰褐色至灰白色，边缘为褐色，周围有黄色晕圈。

主要原因：胡麻斑病所致，多发生于水肥不足、水稻生长不良的稻田内。

防治措施：选择无病田留种。病稻草要及时处理销毁，深耕灭茬，切断病源；按水稻需肥规律，采用配方施肥技术，合理施肥，增加磷、钾肥及生物菌剂的使用，以促进有机质的快速分解，改变土壤酸碱度；实行浅灌、勤灌，避免长期深水造成通气不良；提倡盐水选种，达到两个双百要求，提高抗病性；药剂防治。重点在抽穗至乳熟期发病初期喷雾防治，以保护剑叶、穗茎和谷粒不受侵染。可以选择40%咪酰胺稻瘟灵合剂按说明书合理使用。

167. 水稻倒伏的症状和原因是什么？如何防治？

症状：倒伏是水稻生产中普遍存在的问题，尤其在一些恶劣天气干扰的情况下，比如大风、大雨、冰雹之类，更容易使水稻出现大面积的倒伏现象，且倒伏水稻容易发生腐烂霉变等问题直接影响水稻与品质。

主要原因：品种自身原因，不同的品种抗倒伏能力也不一样，植株节间短，茎秆粗壮，叶片直立，剑叶短和根系发达的水稻品种抗倒伏能力强，反之易发生倒伏；栽培技术不到位。育秧技术不到位，容易使秧苗出现细长不带分蘖的现象，并且移栽到地里后难形成大分蘖和壮分蘖，导致秧苗群体瘦弱；种植密度不合理，导致水稻封垄后通风透光不足，水稻变得脆弱容易发生倒伏现象；长期深水灌溉，水稻根系发育不良，分散在土壤的表面不能深扎入土壤，容易出现集体倒伏的现象；自然灾害和病虫害原因。自然灾害作为一种不可控因素对水稻生长造成的影响是不可估量

的、干旱、洪涝、台风等自然灾害会对根部的稳定性产生重要影响。同时，病虫害也是破坏水稻根系，造成水稻倒伏的一大因素，水稻的茎秆和根系会由于病虫的啃食而变得脆弱易折，加上外力作用就会加大水稻倒伏的可能性。另一个主要原因是水稻氮肥过大，缺少钾肥。

防治措施：选择抗倒伏强的品种。增强水稻自身的抗倒伏能力是减少倒伏现象的最重要措施。培育壮苗、优化群体、科学灌溉，使水稻生长更加健康，增强其对自然灾害的抵抗能力；增强对自然灾害和病虫害防御的能力。在病虫害防治方面，要早发现早防治，在药剂选择方面，要仔细分析病虫害的类型和药剂的特性，合理用药。施肥一定要控制氮肥用量，使好穗肥，氮、磷、钾+菌剂合理应用，能起到一定的抗倒伏作用。

168. 穗发芽的症状和原因是什么？如何防治？

症状：穗部子粒发芽。

主要原因：自然环境影响。水稻谷粒吸水超过24%就满足了发芽所需要的水分条件，18℃以上温度发芽越快。尤其在夏季持续高温的时候，水稻灌浆结束后穗层温湿度偏高，在遇到连续阴雨或者潮湿的环境，水稻子粒含水量达到30%，很容易出现穗发芽现象。与水稻自身品种特性有关。如休眠期短和谷壳较薄的水稻容易穗发芽，休眠期长和谷壳较厚的穗发芽少；人工管理原因。水稻灌浆期长期深水灌溉致使田间水分含量偏高，使稻谷碰到雨水天气不易干燥，导致发芽。

防治措施：在水稻灌浆后期将田间积水排去，并在雨天及时排水，以减少子粒吸水环境。破口期、齐穗期各打一次磷酸二氢钾促进脱水。

169. 子粒不充实的症状和原因是什么？如何防治？

症状：水稻花期、灌浆结实期遇到干旱、高温、低温等不良天气环境导致颖花不结实，子粒灌浆不充实，空瘪率增多，千粒重下降，产量降低。

主要原因：干旱危害。灌浆成熟期稻田无水干裂，导致叶片过早枯黄，营养物质转运困难，子粒灌浆难完成，粒重降低；高温危害。开花期遇到高温使花器官的机能受到影响，花药开裂受阻，颖花散粉不畅，花粉管萌发受抑制，导致灌浆期子粒灌浆不充实；低温危害。花后结实期遇到低温会显著影响干物质积累和运转，导致瘪粒数增多。

防治措施：适宜播种。通过播种期调节，避开历史常规高低温或干旱季节与花期相遇；科学肥水管理。灌深水可以有效缓解高温带来的伤害；灌浆至成熟期保持田间干干湿湿，以湿为主，防治断水过早，以提高土壤供养能力，保持植株根系活力黄熟期（抽穗后 25 天），适期断水，以利于收获；喷施生物菌剂及生物制剂，可以减轻高温伤害，促进干物质积累转化，子粒灌浆充实；增施磷、钾肥有利于提高水稻的低温抗性，利用磷酸二氢钾对抗低温也有一定效果，可以提高低温下水稻结实率，使子粒充实度提高。

170. 鸟类危害的枝梗折断的症状和原因是什么？如何防治？

症状：抽穗成熟期，麻雀会到稻田啄食米浆、米粒，造成穗节上部分一次枝梗及再分生出的二次枝梗折断，或谷料脱落，危害程度与水稻品种、植株密度、周边环境、抽穗成熟时期等因素有关。

主要原因：鸟雀会选择口感好的水稻进行危害。水稻成熟期不一致，鸟雀选择同片田中早熟的水稻作为啄食对象，树带地块也非常严重。

防治措施：人工驱鸟。在水稻灌浆阶段安排专门人员，利用声音、假人、彩旗、鞭炮驱鸟；利用驱鸟剂驱鸟。但驱鸟剂主要在秧田期效果好，抽穗成熟期驱鸟效果不足10%；防鸟网驱鸟。水稻抽穗成熟期用网眼 2.5 厘米的防鸟网架网驱鸟效果好，而且不伤害麻雀，是目前防御麻雀危害最理想的技术。

171. 谷粒黄褐色（穗腐病）的症状和原因是什么？如何防治？

症状：由真菌引起的一种水稻后期穗部病害。水稻抽穗灌浆至乳熟期最易感染，前期稻穗部分或全部谷粒感病黄褐色，后期灰白色至黑褐色，为孢子粉。前期感病空粒多，后期感病半空粒多，米粒变黄褐色。

主要原因：病菌以菌丝体在病株或种子内越冬，待抽穗扬花期温度升高（27~30℃）时，靠气流传播进行初侵染，分生孢子靠雨水传播再侵染。高温、多雨、多雾和潮湿天气利于本病的发生。该病的发生、危害、流行规律与气候条件、品种类型、耕作栽培制度、肥水管理（偏施、过施或迟施氮肥）、植株贪青成熟延迟的关系也十分密切。

防治措施：加强肥水管理。避免偏施、过施、迟施氮肥，增加磷钾肥；适时实适度晒田使植株转色正常、稳健生长，延长根系活力防止倒伏。抽穗期前后喷药预防。在历年发病的地区或田块，于始穗期和齐穗期各喷药一次，必要时在灌浆期加喷一次，可减轻发病。药剂可以选择40%咪酰胺、稻瘟灵复配制剂，按说明书使用。

172. 红米稻子（红稻）的症状和原因是什么？如何防治？

症状：红稻是杂草稻的一种，因种皮红色被稻农称为红稻。红稻呈红色、出芽早、分蘖多、植株高大、落粒性较强。

主要原因：栽培稻种子中混着杂草稻，被农户种植。由于缺乏有效的稻种检疫和管理措施，栽培稻种子的销售和长距离运输等过程，也会导致杂草稻的远距离和大范围扩散。

防范措施：人工拔出。

173. 杂稻（落粒稻）的症状和原因是什么？如何防治？

症状：落粒稻俗称野稻子，学名旅生稻，说它是稻，但它是野生类型，秋天果实纷纷落地，很难收获，似稻非稻；说它是草，在植物学分类上又与水稻同科同属性，防治水稻杂草的很多除草剂对它的防治效果均不大。落粒稻在田间表现为植株高大，叶片狭长，叶色淡黄，分蘖能力较差，抗病能力较强。成熟后子粒较长，长宽比较大。剥开颖壳可见其糙米为棕褐色，偏籼性，口松，易脱落，分布较广，发展速度较快，危害逐年加重，降低水稻产量和稻米品质。

主要原因：随种子引入、化学诱变。目前在水稻生产上使用的各种化学药剂（浸种药、除草剂、防虫剂、杀菌剂）较多，也有可能其中某一种化学制剂引起了稻体内基因诱变，使正常水稻转变为落粒稻；生理诱变。

在水稻收割及拉粒过程中，不慎将其部分颖壳破裂的稻粒碰落在田间，翌年春天经过一冬天风雪冻化发生了生理诱变，虽然也正常发芽、出苗，却诱变成了落粒稻。

防范措施：人工拔出。

174. 水稻叶片的种类及构成部分有哪些？各部分具有哪些生理功能？

水稻的叶片分为鞘叶（芽鞘）、不完全叶和完全叶三种。鞘叶在发芽时最先出现，白色，有保护幼苗出土的作用；不完全叶是鞘叶中抽出的第一片绿叶，一般只有叶鞘而没有叶片。在计算主茎叶片数时通常不计入；完全叶由叶鞘和叶片组成，叶鞘和叶片连接处为叶枕，在叶枕处长有叶舌和叶耳。叶鞘包茎，有保护分蘖芽、幼叶、幼穗和增强茎秆强度支持植株的作用。同时，叶鞘又是重要的储藏器官之一，叶鞘内同化物质的蓄积情况与灌浆结实和抗倒伏能力有很大关系。叶片为长披针形，是进行光合作用和蒸腾作用的主要器官。在栽培中，叶片的长短、大小和数量对产量的形成有重要作用。

叶片、叶鞘、叶枕、叶耳、叶舌以及芽鞘常有绿、红、紫等不同颜色，是识别品种的重要特征。

175. 什么是早穗现象？与提早抽穗有什么区别？

早穗现象是指在苗床就已经进行穗分化，插到本田以后很快就出抽穗、开花并结实。这样的植株矮小，叶片小，穗子少而小，每穗粒数也少，产量很低。

早穗多发生在感温性较强的水稻品种上，一般达到双"二五"条件发生，即在育秧阶段的 2.5 叶期、棚温连续超过 25℃时发生，这种条件使水稻叶的生长点提前变为穗的生长点，因而移入本田后在长 3 片叶时就抽穗了。早穗一般减产 10%~20%。在寒地稻作区，一般在 6 月 25 日至 7 月 3 日之间抽穗的，均为早穗现象。

提早抽穗则是水稻在可变营养生长期，受高温、低肥（主要是氮素）、苗弱、超秧龄、密播、密植、晚栽、成活不良等条件影响，使水稻总叶片数减少，幼穗分化提前，致使提早抽穗。早穗会造成穗粒数减少，但结实率高，千粒重高，也有可能使二次分蘖成穗率提高，一般对产量不会造成较大影响。

176. 早穗发生的原因是什么？如何预防？

不同类型的水稻品种对温度、光照的反应不同，早熟品种对温度反应敏感，高温会促进生育而使生育期缩短，秧苗密度过大；秧龄过长，生长环境恶化，营养不足，尤其是氮肥供应不足、水分不足等也会促使幼穗提早分化、提早出穗，产生早穗现象。

早穗主要发生在极早熟感温性强的品种上，栽培这样的品种要适期播种，稀播种、育壮苗，供应充足养分，不使秧龄过长，应及时插秧。

177. 水稻倒伏有几种类型？原因有哪些？如何避免？

水稻倒伏有两种类型。一种是根倒，由于根系发育不良扎根浅而不稳，缺乏支持力，稍受风雨侵袭就发生平地倒伏；另一种为茎倒，由于茎秆不壮，负担不起上部重量，因而发生不同程度的倒伏。

造成水稻倒伏的原因很多，除强风暴雨等一些客观原因外，一是品种不抗倒、植株高、茎秆细长、叶片茂盛、根系生长不良，群体通风透光条件不好，也易造成倒伏，所以深耕和合理密植是防止倒伏的重要措施；二是肥水管理不当，片面重施氮肥，分蘖期发苗过旺，叶片面积过大，封行过早水稻茎秆基部节间徒长。

防止倒伏主要措施：选用抗倒品种、合理栽培、平稳施肥，建立合理的群体结构；合理灌溉。采用浅水灌溉，拔节期前适当烤田，后期干干湿湿，提高根系活力。

178. 水稻成熟前有哪三黄三绿？

第一次黄，在返青前。由于插秧秧苗根系受到机械损伤，根部没有完全修复，吸收肥水能力弱。出现第一黄，通过追"返青肥"达到第一次变绿。

第二次黄，在水稻分蘖末期。施的肥料落劲，水稻开始进入穗分化，由营养生长向生殖生长转化而退绿落黄，这时结合晒田、除草，出现第二次黄，晒田3~5天。主穗追施穗肥，叶片再度较绿，达到第二次深绿，注意看苗施肥，好苗壮苗少施肥，多施钾肥生物菌剂壮秆促大穗。

第三次黄出现在抽穗前3~5天。叶色退淡，变黄，通过施穗肥，叶色再度较绿，到了第三次深绿，看天施肥，阴雨天少施肥或不施，哪黄施哪，以叶面肥为主，看田施肥，瘦田必施。这期间，跟上杀菌剂、预防稻瘟病等促早熟措施，一定要看品种，晚熟品种一定要以腐殖酸、黄腐殖酸为主，以根外追肥和叶面肥为主。以上是水稻三黄三绿规律需肥的体现（供大家参考）。

179. 水稻成熟要经过哪几个阶段？什么时候撤水好？

根据稻谷成熟的生理过程和谷壳颜色变化等，可将水稻成熟过程分为以下4个时期。

（1）乳熟期：水稻开花后3~5天即开始灌浆。灌浆后子粒内容物呈白色乳浆状，淀粉不断积累，干、鲜重持续增加，在乳熟始期，鲜重迅速增加，在乳熟中期，干重迅速增加，到乳熟末期，鲜重达最大，米粒逐渐变硬变白，背部仍为绿色。该期手压穗中部子粒有硬物感觉，持续时间为7~10天。

（2）腊熟期：该期子粒内容物浓黏，无乳状物出现，手压穗中部子粒有坚硬感，鲜重开始下降，干重接近最大。米粒背部绿色逐渐消失，谷壳稍微变黄。此期约经历7~9天。

（3）完熟期：谷壳变黄，米粒水分减少，干物重达定值，子粒变硬，不易破碎。此期是收获适期。

（4）枯熟期：谷壳黄色褪淡，枝梗干枯，顶端枝梗易折断，米粒偶尔有横断痕迹，影响米质。

水稻成熟期的长短因气候和品种不同而有差异，气温高成熟期短，气温低成熟期延长。在生产上，要注意水稻成熟期的栽培管理特别是水分的管理。一些地区常因生育后期撤水过早而影响子粒饱满度。水稻在灌浆结

实期合理用水，可以达到养根保叶、活秆成熟，浆足子饱的目的。为此，一般在成熟前7~10天左右灌最后一次水。根据当时土壤含水量及天气、水稻成熟情况灵活决定撤水时间。

180. 如何测量水稻产量？

随机抽取法：取三处：分蘖密的一处、中等的一处、下等的一处，每处测量3.3米，如果3.3米25穴，从第7穴、14穴、21穴收割。把3处的9穴苗脱粒，9穴苗的容重除以9，再乘以25穴算出每平方米容重的克数除以1000乘以667平方米得到亩产量（千克），再乘以15就是公顷产量。

比如：9穴是315克容重，每穴35克重乘以25穴等于875克除以1000乘以667等于585.5千克，再乘以15等于8754千克（公顷）。

181. 直播田白化苗的症状和原因是什么？如何防治？

症状：有两种。一是零星发生的，叶片长出就发生白化，或部分长条形白化，其中全白的苗，大多数三叶期枯死。二是叶色从黄到白，常从尖端开始，此时如果采取灌水、施肥等措施或天气转晴，又能恢复生长。

主要原因：肥料中缩二脲含量过高引起苗期叶片白化，秧苗受高温或低温寡照影响所致，当气温低于20℃时叶绿素分解，高于32℃时叶绿素不能形成，叶片白化。冷浸田、缺锌田也会出现白化苗。

防治措施：选用缩二脲含量低于2%的肥料。建议在遇见异常低温气候、冷浸田、缺锌田应该补锌，同时与矿源黄腐殖酸钾配合使用。当水稻在2叶至3叶期出现白化苗，应及时补施枯草芽孢杆菌与水溶肥施用。

182. 直播田出苗率低的症状和原因是什么？如何防治？

症状：直播田因省工节本备受关注与应用，但要取得直播稻高产，在栽培管理上必须解决"出苗率低、杂草多及倒伏"难题，主要表现为不出苗，出苗晚，田间苗数稀少、不足。

主要原因：与种子的发芽率低、发芽势不高密切相关。一般在土壤、田间管理、天气条件等相同的情况下，种子的发芽率越高，田间出苗率越高；若发芽率相同，则发芽势越高的田块，田间出苗速度越快，出苗率越高，与直播田表层水分状况有关。如果田表湿润而无积水，则有利于种子发芽与扎根，出苗速度较快而且整齐，田间出苗率较高；如果田表干燥含水量偏低，则不利于发芽与扎根，出苗速度太慢而且不齐，此时如遇烈日强光照，会严重影响田间出苗率。如果田表积水，则会不同程度地造成烂秧烂苗，影响田间出苗；直播水稻播后除草剂使用不当造成药害。杂草化学防除的基本策略是"一封、一杀、一补"，但如果使用时期不当、施用剂量偏大、药剂浓度偏高等，则易产生药害影响种子扎根出苗。

防治措施：盐水选种、种衣剂包衣，掌握最佳播种量。整地要平，杂草要清理净，沉淀要适宜。除草剂要选择安全性强的，建议苗后 3 叶 1 心后用 40%氰氟草脂，按说明书使用。

183. 直播田出苗不均匀、不整齐的症状和原因是什么？如何防治？

症状：水稻直播是稻作生产最重要的栽培方式之一，不需要育秧、返青和移栽过程，具有省工、省时、省力等优点，一般分蘖较早，成穗率高。但在实际生产中，直播稻常存在田间出苗率低、出苗不齐或出苗后达不到壮苗标准等难题，给后期生产管理造成一定影响，直接制约水稻产量的进一步提高。

主要原因：水稻直播期间经常会遭遇恶劣天气，如大幅度降温、阴雨等天气，若持续低温寡照，稻种就会发芽慢或芽的生长势弱，易受病菌侵害，引起烂种、烂秧，造成出苗差、基本苗少。直播田土地不够平整，造成排灌不一致，极易产生田间出苗不齐的现象，高处稻种吸不上水，发芽慢而少，低洼出幼苗受深水淹灌，烂秧、漂秧严重，造成不出苗或出苗后幼苗长势弱，生长速度缓慢，引起基本苗减少。稻种没有达到精选、芽势弱、芽势低。稻田施用过多未腐熟的有机肥或种肥施用不当，种子受毒害，造成烂种，导致出苗率降低、出苗差。

防治措施：掌握好最佳播种时间，适宜温度播种。加强平整田间精细整地，沉淀好。盐水选种、种衣剂包衣选择硫基肥料，严禁施用氯基肥料

（特别是双氯肥料）要掌握好标准晒田时间，以促进出芽扎根，提高出苗率。在1叶1心期，适量追施生物菌剂，可增强发根力，促使稻苗早生快发，形成壮苗。

184. 返青期与分蘖对环境有哪些要求？

返青期是移栽后，从秧田到本田成活的缓冲阶段，大约在4天左右，要求是浅水，因水太深，淹没了生长点（心叶），透气性不好，也会烂秧，或成活缓慢，返青后以分蘖为中心，进入生长根和叶片的营养生长期。

（1）温度的要求：水稻分蘖最高适温30~32℃，最适水温32~34℃；最高气温38~40℃，最高水温40~42℃；最低气温15~16℃，最低水温16~17℃。水温在22℃以下分蘖较缓慢；低温使分蘖延迟，且影响总分蘖的有效穗数，因此要求15℃以上时开始插秧。

（2）光照的要求：在分蘖期需要充足的阳光，以提高叶片的光合强度，制造有机物，促进增加分蘖数。在自然光照下，返青后3天就开始分蘖，若只有50%自然光照时，返青13天才开始分蘖，若只有5%的自然光照，不但不产生分蘖，连秧苗也会死去。

（3）水分的要求：分蘖期是对水最敏感的时期，但是只要求水田达到水饱和状态，或浅水最有利于分蘖，在高温条件下（26~36℃），土壤持水量在80%时产生分蘖最多。如深水灌溉，水层超过地面8厘米时，在分蘖节光照弱、氧气不足，温度又低的情况下，抑制分蘖。但是水田过分干，持水量在70%以下时，也会停止分蘖。

（4）营养要求：分蘖需要营养多，营养多可促分蘖和生长快而多。如果营养少，分蘖也少或停止。所需的营养中以氮、磷、钾为主，最需要氮肥，最好氮、磷、钾配合追肥最有利。

185. 拔节孕穗期对外界条件的要求有哪些？

拔节孕穗期是营养生长和生殖生长并进的时期，这个时期水稻生长发育迅速增大，根群最大、稻株叶面积达到最大，同时稻穗开始分化，拔节孕穗是决定每穗粒数的关键时期，也是每亩有效穗数的巩固时期及粒重的决定时期，主要因素在于外界条件影响。

（1）养分要求：幼穗分化过程中，水根的根群不断增加，最后3片叶相继长出，如果在营养生长和生殖生长都需要养分的时期缺乏营养，对幼穗分化会产生不利影响。所以在生产上要进行中期追肥，约在抽穗前30~40天的时候，以促进颖花分化，2次枝梗数增加，这时的肥也称"促花肥"；在抽穗前10~20天可施肥一次，即雌雄花蕊形成期与花粉母细胞减数分裂期最需要肥，防止颖花败育，确保粒多，这个时期追肥称"保花肥"。

（2）温度要求：幼穗分化的适温为26~30℃，以昼温35℃，夜温25℃更有利于成大穗。幼穗分化的外界温度为15~18℃，但最敏感时期是减数分裂期。在减数分裂期，高温和低温的危害都会引起颖花的大量败育和不孕。

（3）光照要求：光照强度对幼穗分化有密切的关系，光强有利于幼穗分化，据试验证明，在幼穗分化期用两层纱布遮光（透光约为自然光的1/6~1/8），颖花退化比对照多30%。如果雨天多、日照少，封行过盛，通气性不好，太阳光照时间较少，就要在水稻稀植上保证合理，促使有一定的光合作物，增加有机物可生长大穗、粒多的稻谷。

（4）水分要求：幼穗分化到抽穗，是水稻一生需水最多的时期，尤其在花粉母细胞减数分裂期，需水最敏感，所以在这个时期一定要保持田间持水量在90%以上，如果缺水会影响颖花发育。但是水分过多受淹，也会产生不利影响，如全部淹没也会死亡。

186. 抽穗结实期对环境有哪些要求？

在水稻抽穗结实期，营养生长基本停止，这时期为生殖生长的主要时期，是保持粒多、粒重的关键时期，在管理上要使水稻不早衰、不贪青、不倒伏。

抽穗与开花：

（1）水稻抽穗：水稻幼穗分化后1~2天稻穗从剑叶叶鞘中抽出，有50%抽出，为抽穗期，有80%抽出为齐穗期。抽穗时由于低温或肥水不足，常造成稻穗不能全部抽出，生产上把这种现象称为"包穗"或"包茎"，被包住的造成包粒或空壳。如杂交水稻抽穗时温度低于20℃时，会100%产生"包穗"而无收成。

（2）开花：正常情况下，稻穗抽出就能开花。开花前首先是颖壳内的两个浆片吸水，体积膨大3~5倍，吸足后将外颖张开，内外颖的角度约为25~30℃，张开过程约为10~20分钟，全开后，角度为25~30℃可维持30分钟，所以整个开花过程1~2个小时。温度对开花时间影响较大，高温开花时间短，低温开花时间长，有时可达2个小时以上。在内、外颖张开时，花丝伸出、花药开裂，花粉就散了出来，授粉在柱头上，授粉后10~15分钟后花药即慢慢凋萎，同时浆水也因水分蒸发而体积缩小，内外颖重新闭合。

影响灌浆结实的因素：

（1）光照：光照强度和光照时间，影响稻叶的光合作用和碳水化合物向谷粒的转运，高产水稻谷粒充实的物质，90%以上抽穗后，是叶片光合作用制造的碳水化合物供给的，因此，灌浆期的光合作用将直接影响水稻的产量。

（2）温度：温度对灌浆结实关系密切，一般最适合灌浆温度是20~22℃，在灌浆前15天昼温29℃，夜温19℃，日均温度为24℃为宜。后15天以昼温20℃，夜温16℃，日均温度为18℃为好。适宜灌浆温度，有利于延长积累营养物质的时间，细胞老化慢，呼吸消化少，米质好。高温和低温既不利于水稻子粒正常灌浆，又影响稻米品质。

（3）水分：灌浆期水分，仅次于拔节、长穗、分蘖期的水分，如水分不足会影响叶片同化能力和灌浆物质的运输，灌浆不足造成减产。灌浆期水分不足会影响光合作用，降低物质运转效率，缩短时间，稻米的物理性状变劣。

（4）矿质营养：在灌浆期间叶片含氮量与光合能力之间有密切关系，适当施氮，可增叶面积的光合作用，维持最大的叶面积，防止早衰，提高根系活力，对提高水稻产量影响很大，因此，在生产上常用根外追肥方法。在齐穗期可看苗补肥，或补施磷、钾肥等，确保灌浆过程正常进行。

187. 影响水稻根系生长的因素有哪些？

（1）温度：稻根生长的最适土温为 30~32℃。超过 35℃生长受阻，加速衰老，吸收能力下降；超过 37℃显著衰退；低于 15℃，生长和吸收能力也都大大减弱；低于 10℃则生长停顿。

（2）光照：对根系发育和吸收能力起着间接作用。因为光照充足加强了光合作用和蒸腾作用，供给根的养分增多，所以促进了根系的发育，提高了根系活力，增加了根系对无机养料的吸收。光照不足时，不仅影响根系发育，还会使根对各种无机养料的吸收明显下降。

（3）肥料：土壤养分肥料三要素中，氮素对根的生长和吸收能力影响最大。适量氮素肥料能有效增加根原基的分化和稻株的发根能力，使单株根数增多，根长变短。配合施用磷、钾肥，对根的生长促进作用更大，不论根数、根量、根长等都有所增加，根系的分布也会加深。

（4）土壤的通气性：水稻根系的发生、伸长和对养分的吸收、转化等生理活动，都要有足够的氧气。如果缺氧就会影响根系生长和生理功能，根系活力也会丧失。

188. 低洼地怎样做好灌溉管理？

低洼稻田的主要问题是地下水位高，排水不畅，土壤还原性过强，使高价铁变成亚铁，低价铁增多，磷、钙抵抗，土壤中缺乏磷钾营养。秋冬冻土积盐，春季融冻水盐分大，水质矿化度比下层高 1~2 倍，潜育化上升到犁底层，涝碱相随，盐渍沼泽化较重。春季冷浆，小苗发锈，根系发育不好，吸收力差，分蘖晚而少。因此，低洼地在灌溉管理上要做好以下几点：

（1）在田间渠系设计上，条田要窄，条田沟要深。黏壤、重壤质地条田以 20~25 米为宜，中壤和沙壤质地条田以 30~40 米为宜。毛沟深不小于 30 厘米，斗沟深不小于 40 厘米，支、干沟更要加深。利用条田侧渗降低地下水位。

（2）实行单排单灌，不圈老水，不搞串池。

（3）春季泡田要经过 2~3 次排水，不留尾水，将融冻水排挤出去。

（4）实行浅、湿交替灌溉，勤换水，避免老汤泡田。实行晚间放露，白天（早晨）上花搭水。井灌稻区应避免中午高温时灌凉水，防止冷水袭后根毛发黄。减数分裂期更要勤换水，每隔 4~5 天换一次水。

（5）做好晾田烤田。低洼稻田缺乏氧气。在分蘖盛期，总茎蘖数达到预期要求时要及时排水烤田，既排上水也排地下水，将毛沟水排干，如遇降雨要及时排出。要适当延长烤田时间，促进根系下扎，提高根系吸收机能。

189. 盐碱地怎样做好灌溉管理？

盐碱地种稻的主要问题是地势低洼、地下水位高、外水侵袭严重、盐碱重、矿化度高、肥料流失严重、后期根系易衰、稻株易倒伏。积盐的过程是盐随水来、水变气散、气散盐存。其原因是长期积水造成的。

在灌溉管理上要抓住排除地表水、降低地下水的中心环节，以排为主、排灌畅通、不留尾水。

在稻田设计上，条田要窄、排沟要深。毛支、干沟必须逐级加深，达到排水畅通、降低地下水位。针对盐碱地里冻土积盐，春季融冻水中融盐较多的特点，在泡田时，必须早泡、深泡，并排水洗碱 2~3 次。不能用老汤泡田。地化透后以深水压盐。用清水插秧，单灌单排，每隔 7 天换一次水。需要晾田透气时，不能白天晒田，可在夜晚放露，以防止临时积盐。气温高时起早灌水，气温低时可在 10 点后灌水。不要在中午高温时灌水，防止冷水袭后根毛变黄，稻田中如水变混浊要立即换水。

190. 严重缺水条件下如何做好寄秧栽培？

寄秧栽培就是在无水可插而秧龄已足时，将秧苗暂时集中移栽到部分水田里，待以后水情缓解时再将寄秧起出移到本田中。这种方法是缓解插秧期间用水紧张，扩大水田面积的高产栽培方法，是抗旱和避旱的一项重要措施。根据现行水稻栽培方式，可采用加行式寄秧法，即在规定密度的行间寄插一行。这种方法能扩大 1~2 倍的种植面积。为了确保寄秧栽培成功，首先要稀播培育带蘖壮秧，增强抗逆性能。另外，在寄秧田和以后的移栽田里要增施有机肥料，特别要重施磷肥、钾肥和锌肥。移栽田施肥应以底肥为主，前重后轻，切忌后期大量追施氮肥，严防贪青还熟。

191. 低温冷害对水稻生育及产量有什么影响？

低温冷害大体有两种：一种是延迟型冷害，主要发生在水稻分蘖期和灌浆期；另一种是障碍型冷害，主要发生在水稻开花期。个别年份也能发生障碍型冷害。

（1）秧苗期冷害：苗期遇低温，秧苗生长迟缓，根系发育不良，形成小苗、弱苗。

（2）缓苗期冷害：缓苗期遇到低温，水稻缓苗慢，分蘖力弱，延迟水稻出穗，造成水稻贪青，结实率低。

（3）分蘖至拔节期冷害：秧苗长高的最低临界温度为 15~16℃，当温度降到 10℃时，叶片生长停顿，18℃ 以下则不发生分蘖，使幼穗分化延迟，出穗晚。

（4）幼穗分化期冷害：这个时期临界温度为 8~15℃，此期遇冷害能延迟抽穗和降低结实率。

（5）开花期冷害：开花期的临界温度为 20℃，授精的临界温度为 16~17℃。这个时期冷害能延迟开花、授粉和授精，较长期的低温冷害会使授粉不良，甚至成为空秕粒。

（6）灌浆成熟期冷害：在灌浆成熟过程中，遇到 11~20℃ 的低温，能延迟成熟。抽穗后 40 天中，充分成熟的临界日平均气温为 22℃，以 20℃ 为安全成熟的实用临界温度。当低于这个温度时，空秕可明显增加，千粒重降低，造成严重减产。

192. 长期寡照对水稻生育有什么影响？如何防御？

北方粳稻对温度反应敏感，但长期寡照对水稻生育也有不良影响，特别是对粳稻危害更大。要千方百计地采取一切有效措施，促进早熟。促熟

措施基本与防御低温冷害相同。

193. 水稻本田期有哪些防旱措施？

水稻本田期防旱应以农田水利的改善为根本措施，但治标的手段也有一定的防治效果，其方法是：

（1）增施有机肥料做基肥，改良土壤结构，增加土壤的蓄水能力。

（2）进行节水灌溉：在缺少灌溉水的情况下，一定要加强计划用水，节水灌溉，首先要满足缓苗水和孕穗水。

（3）抓紧中耕除草：天旱时，如田面尚未完全干涸，就要抓紧中耕除草，这样既有利于根系发育，增强水稻的耐旱力，又可防止田里杂草与水稻争夺水分、养料。

（4）盖草：利用青草或稻草等，均匀地铺在稻行间，这样既可以减少水分蒸发，保持田面湿润，又可供给稻苗一定养分，以利生长。

（5）使用防旱剂：使用抑制水分蒸发剂防旱，可以抑制水分蒸发率为70%~80%，为稻田防旱开辟了新途径。

194. 如何判断水稻是否成熟？

水稻完熟期收获。一般水稻抽穗后最少35天以上，活动积温750℃以上，达到成熟标准，即95%以上颖壳变黄、谷粒定型变硬、米呈透明状或95%以上小穗轴黄化时进行收割。

195. 水稻收获前为什么提倡晚断水？什么时候断水适宜？

水稻灌溉结实期间，合理灌溉是达到养根护叶、浆足粒重、清秀活熟的重要条件。水稻生长后期水分不足，会使叶片提早落黄、植株早衰，迫使早熟，造成减产。水稻子粒在黄熟阶段，还有30%左右的物质尚待合成并转入子粒。所以水稻在灌浆后期仍需要灌水，但并非需要水层。只要土壤含水量达到田间最大持水量的90%即可。因此，后期要采取间歇灌水，即灌一次水落干后再灌下次水，并要逐渐减少稻田的积水时间，增加脱水时间。断水时间要灵活掌握，如成熟期间气温高，水分蒸腾快，土壤沙性重，地势高，断水应晚些，在收割前5天断水；如成熟期温度低，水分蒸发慢，土质黏重，地势低洼，断水要适当提早一些，可在收获前 7~10 天断水。成熟期如遇连续阴雨天气，可根据成熟程度，适当提前排水，这样有利于提高粒重。

●快问快答

(1) 水稻分蘖发生的最适宜温度、水温是多少？

气温 30~32℃、水温 32~34℃。

(2) 水稻分蘖发生缓慢的最低温度、水温是多少？

气温低于 20℃、水温 22℃。

(3) 水稻分蘖发生停止最低温度、水温和最高温度、水温是多少？

气温低于 15~16℃、水温低于 16~17℃；

气温高于 38~40℃、水温超过 40~42℃，分蘖停止发生。

(4) 水稻苗期温度低于多少℃停止生长？

水稻苗期温度低于 13℃时停止生长。

(5) 水稻苗期温度低于多少℃产生延迟性冷害？

水稻苗期温度低于 8℃时产生延迟性冷害。

(6) 水稻苗期温度高于多少℃时会抑制生长？

水稻苗期温度高于 35℃时会抑制生长。

(7) 水稻苗期温度高于多少℃秧苗会发生死亡？

水稻苗期温度高于 42℃秧苗会发生死亡。

(8) 水稻合理灌溉的原则是什么？

深水返青，浅水分蘖，有水壮苞，干湿壮子。

(9) 机插秧正确的上水时间是什么时候？

插后就应该缓慢上水。

(10) 插秧后上水的标准是多少？

苗高的 2/3。

第四章　土壤与肥料

196. 什么是水稻土？

水稻土是发育于各种自然土壤之上、经过人为水耕熟化、淹水种稻而形成的耕作土壤。由于长期处于水淹的缺氧状态，土壤中的氧化铁被还原成易溶于水的氧化亚铁，并随水在土壤中移动，当土壤排水后或受稻根的影响（水稻有通气组织为根部提供氧气），氧化亚铁又被氧化成氧化铁沉淀，形成锈斑、锈线，土壤下层较为黏重。经过人为的水耕熟化和自然成土因素的双重作用，水稻土的剖面形态结构有相对的特殊性：水耕熟化层-犁底层-渗育层-水耕淀积层-潜育层。

哈尔滨地区种植水稻的耕地大部分时间较短，水稻土耕地淹水时间短，冻土期和无水时间长，土壤发育程度不高，土壤特征不明显，一般都残留前身土壤的一些特征，是发育中的水稻土或不典型的水稻土。按照前身土壤类型的划分，可以续分为白浆型水稻土、黑土型水稻土、草甸土型水稻土、沼泽型水稻土等亚类。

197. 如何配制水稻营养土？

用水稻壮秧剂配制营养土，由于水稻壮秧剂具有调酸、施肥、消毒等功能，因此在使用时把肥沃的无农药残留的旱田土和腐熟的猪粪按7:3比例混合堆制，或用旱田土、腐熟草炭和猪粪按4:4:2比例混合堆制，把播种前用6~8目孔目筛过的充分混合的营养土，按每360公斤加入2.5公斤壮秧剂一袋充分混拌后使用。普通旱育秧：每平方米用床土20公斤，均匀拌入床土耕层3厘米。钵盘育苗：每公顷稻田用400~700盘，每个秧盘约用2公斤营养土。钙塑软盘育秧：一般每公顷约需450张软盘，每张软盘约需 4 公斤营养土。隔离层育秧与钙塑软盘育秧基本相同，区别是隔离层育秧使用打孔地膜代替钙塑软盘。

198. 水稻本田施基肥的注意事项有哪些？

结合秋整地或春整地，可隔年施经充分腐熟的农家肥每公顷 30～45吨，有条件的地区可以搞秸秆还田。化肥全生育期用量由土壤肥力、品种及计划产量等因素确定，一般氮、磷、钾比例为 2∶1∶1，即每公顷施磷酸二铵 100～150 公斤，硫酸钾 100～150 公斤，尿素 250～300 公斤。化肥基肥要结合水整地，将全生育期化肥用量的全部磷肥、40%氮肥和 50%钾肥全层施入，耙入耕层。其余氮肥的 65%做蘖肥、35%做穗肥施入，其余的钾肥做穗肥施入。

199. 水稻作物的主要养分需要量是多少？

水稻一生中需要从土壤中吸收作物所必需的 16 种营养元素及硅元素，其中氮、磷、钾最多，硅、钙、硫等元素需要量也很大。当前生产条件下，每生产 100 公斤稻谷，需吸收氮素 1.3～1.7 公斤，五氧化二磷 0.7～1.2 公斤，氧化钾 1.8～2.3 公斤。

200. 水稻作物主要营养的需肥规律是什么？

（1）对氮的吸收：水稻分蘖期以前由于苗小，同化面积小，干物质积累不多，因而吸收养分量也较少，这一时期吸收的氮素占水稻一生吸收氮素总量的 10%左右。返青后吸收量逐渐增加，分蘖盛期达到高峰，穗分化前吸收氮量占水稻一生吸收氮素总量的 80%左右。抽穗以后直至成熟，吸收氮量只有 10%左右。

（2）对磷的吸收：水稻对磷素的吸收比较均衡，分蘖期前，需磷量较少，占水稻一生吸磷总量的 10%左右；分蘖期、穗分化期、抽穗开花期，吸收的磷素各占 30%左右。

（3）对钾的吸收：水稻返青至分蘖期吸收较少；分蘖期至穗分化期吸收钾量约占水稻一生吸收钾总量的 35%；穗分化期到抽穗开花期吸收量达到高峰，约占总量的 60%；抽穗开花以后即停止。

201. 如何对水稻进行施肥？

施肥要做到有机肥和化肥结合，追肥与叶面喷肥结合，施肥原则为减氮、增磷钾。氮肥要早施、勤施，看苗施肥，不可一次施入过多。生长中后期遇有低温，可叶面喷施磷酸二氢钾、云大 120 等叶面肥，促进生育，提高稻株的抗逆能力。

（1）蘖肥分两次施入。第一次在返青后立即施用蘖肥总量的 50%，最晚不超过 6 叶期，促进分蘖早生快发，利用低位分蘖；当水稻第 7 叶末、第 8 叶露尖时，用其余蘖肥做调节肥施用，是第二次蘖肥。

（2）穗肥进入 10 叶期，幼穗开始分化，开始施用穗肥。穗肥分两次施用。第一次在倒 3 叶刚刚露尖时施穗肥总量的 60%，促进穗、枝梗、一次颖花数分化，增加一次枝梗数，争取大穗；第二次在剑叶露尖时施用其余穗肥。

202. 水稻作物本田施用有机肥的注意事项有哪些？

水稻田与旱田的耕地情形不同，有机肥施用量过高，尤其是速效性有机肥（比如鸡粪）一次施用量过大的情况下，容易造成前期土壤氮养分含量过高，导致无效分蘖增多，诱发中期稻瘟病发生，同时也埋下了后期贪青倒伏的潜在危害。因此，稻田施用有机肥有几个重要的注意事项：一是速效性有机肥含氮素量多，大分子量有机质含量较少，因此，施用量不宜过大，最好用在砂质或瘠薄耕地上，黏质冷僵的低洼地不宜施用。二是没有完全腐熟的迟效性有机肥（牛粪）和秸秆还田、高茬还田时，应该配合深翻耕作，并且要在前期适当调整土壤碳氮比例，增加相应的氮肥用量，避免在分蘖期和穗、粒分化等氮素营养重要时段与作物争氮情况发生。三是应该控制稻田土壤有机质含量稳定在一定水平，过高或过低并不利于水稻生长。砂质土壤有机质含量控制在 3.0%～3.5% 比较适宜，壤质土壤有机质含量控制在 3.5%～4.0% 比较适宜，黏质土壤有机质含量控制在 4.0%～4.5% 比较适宜。四是有机肥在老稻田和瘠薄地的使用效果好于新稻田，应该优先使用，新开垦的稻田和没有熟化的泛滥地类型稻田不提倡使用。

203. 水稻施肥的"大头肥"技术为什么不好?

水稻施肥的"大头肥"技术是指目前水稻生产中施肥应用的常规施肥技术，是把过量的肥料特别是氮肥施在前期的底肥、返青肥和分蘖肥上，后期无法追肥。"大头肥"往往造成以下三个方面的问题：第一，是无效分蘖过多而无法控制。前期大量施肥，特别是过量使用氮肥造成大量无效分蘖，无效分蘖使水稻生产中期田间结构郁蔽，中后期由于营养不足出现大量死蘖，小穗和无效株、无效穗增多，穗粒数和空瘪粒增加，田间群体结构不良是目前水稻增产的限制性主要因素。第二，是违背水稻需肥规律，导致多种生理病害发生。水稻植株对氮肥营养有"奢侈吸收"的特性，前期过量施肥，促成本田苗期氮养分在植株体内含量过高，出现过剩症状，这种情况一般维持到中后期才能缓解，氮养分过剩造成水稻植株节间增长细弱，抗逆能力下降，为后期贪青倒伏埋下隐患，也成为中期稻瘟病发生的诱发因子，加重低温冷害的危害程度。第三，是"大头肥"追肥时水肥配合不科学。氮肥施在水中的利用率很低而且受气象因素影响，没有稳定的化肥利用率参数。利用率低时形成大量肥料浪费，造成环境污染，利用率高时造成植株贪青倒伏，诱发病害。

204. 水稻施肥为什么要实行"前氮后移"?

水稻生产中存在单产波动大、稻瘟病和倒伏严重、结实率低等问题。其中一个重要原因就是氮肥用量过高，施肥时期不合理，氮、磷、钾比例失调。因此，根据水稻需氮规律进行氮素营养调控，均衡施用各种营养元素，是水稻优质高产栽培中必须解决的关键问题。"前氮后移"施肥新技术从确定水稻需氮量这一关键问题入手，运用土壤测试、叶色比色和叶龄诊断技术，调整优化寒地水稻氮肥用量、施用时期，运用水肥耦合技术稳定和提高水稻追肥的化肥利用率，依据水稻不同生育期对氮素的需要定量调控氮肥，衡量监控磷、钾，以及因缺补充中、微量元素。该技术能显著防止水稻倒伏，促进水稻活秆成熟，减少病害发生，使水稻结实率提高5个百分点左右，千粒重增加 0.6 克~1.8 克，产量平均提高 10% 以上；氮

肥用量降低 30% 以上，氮肥利用率平均提高近 18 个百分点；明显提高出米率和稻米品质。通过增产和节本，每亩可增收 100 元以上。

205. 什么是水肥耦合技术？

水肥耦合是指水分和肥料两因素或水分与肥料中的氮、磷、钾等因素之间的相互作用对作物生长及其水、肥利用效率的影响。水和肥是农作物生长的两大重要资源，水是肥效发挥的条件和关键，肥是打开水土系统生产效能的钥匙，水肥耦合技术是根据水肥耦合效应科学进行水肥运筹，在现有条件下充分发挥肥水效率、提高肥水利用率、获得最大经济效益的一门科学和实用的技术，同时有利于防止不合理施肥和灌水造成的土壤和水体污染与肥料流失，使生态环境得到良性循环。在生产实际中，水肥耦合是水稻"定量化"推荐施肥的一个关键环节，常规水稻追肥是将氮肥施在水层里，氮肥利用率变化幅度在 15%～45% 之间，而且十分不稳定，化肥利用率无法成为施肥根据，但是采用水肥耦合技术，氮肥利用率稳定在 45%～55% 之间，而且与土壤供肥能力相关，使化肥利用率成为可靠的施肥技术参数，促使施肥技术由定性半定量水平提升到定量水平，施肥技术水平大幅度提高。

206. 每生产 50 公斤水稻吸收的氮、磷、钾大约是多少？

每生产 50 公斤水稻吸收的氮是 0.75 公斤~0.95 公斤，磷是 0.09 公斤~0.51 公斤，钾是 0.915 公斤~1.91 公斤，大致比例为 2∶1∶3。其中不包括根的吸收和水稻收获前地上部分的一些养分及落叶等已经损失的部分，所以实际需肥量要高于此值。特别是不同生育期对氮、磷、钾吸收量的差异十分明显，通常是从秧苗到成熟的过程中，吸收氮、磷、钾的数量呈正态分布。

207. 水稻各生育阶段需氮、磷、钾具有什么样的规律？

氮素吸收规律：水稻对氮素营养十分敏感，氮是决定水稻产量最重要的因素，水稻一生中体内具有较高的氮素浓度，这是高产水稻所需要的营养生理特性。水稻对氮素的吸收有两个明显的高峰，一是水稻分蘖期，即插秧后 2 周。二是插秧后 7~8 周，此时如果氮素供应不足，常会引起颖花退化，而不利于高产。

磷素的吸收规律：水稻对磷的吸收量远比氮肥低，约为氮素的一半，但是在生育后期仍需要较多吸收，水稻各生育期均需要磷素，其吸收规律与氮素营养的吸收相似。以幼苗期和分蘖期吸收的最多，插秧后 3 周前后为吸收高峰。此时在水稻体内的积累量约占全生育期总磷量的 54% 左右，分蘖盛期每 1 克干物质中含五氧化二磷最高，约为 2.4 毫克，此时磷素营养不足，对水稻分蘖数及地上与地下部分干物质的积累均有影响。水稻苗期吸收的磷，在生育过程中可反复从衰老器官向新生器官转移，至稻谷黄熟时，约 60%~80% 磷素转移集中于子粒中，而出穗后吸收的磷多残留在根部。

钾素的吸收规律：钾吸收高于氮，表明水稻需要较多钾素，但是水稻抽穗开花以前对钾的吸收已基本完成。幼苗对钾的吸收量不高，植株体内钾素含量在 0.5%~1.5% 之间，不影响正常分蘖。钾的吸收高峰是在分蘖盛期到拔节期，此时茎、叶钾的含量保持在 2% 以上。孕穗期茎、叶含钾量不足 1.2%，颖花数会显著减少。出穗期至收获期钾不像氮、磷那样向子粒集中，其含量维持在 1.2%~2% 之间。

208. 为什么要早施分蘖肥？

水稻返青后及早施用蘖肥，可促进低位分蘖的发生，增穗作用明显。分蘖肥分两次施用，一次在插秧后 7~12 天内，用量占氮肥总量的 25% 左右，目的在于促蘖；另一次在分蘖盛期作为调节肥（6 月 15 日左右）用量在 10% 左右。目的在于保证全田生长整齐，并起到保蘖成穗的作用。后一次的调整肥施用与否主要看群体长势来决定。

209. 为什么要巧施穗肥？

巧施穗肥。穗肥不仅在数量方面对水稻生长发育及产量影响较大，而且施用时期也很关键。第一积温带在插秧后第 55 天施用，第二、三积温带插秧后第 40 天施用（注意要灵活合理掌握施肥）。高产群体较繁茂时能起

到保花作用（主穗归圆出现 1~2 厘米小节为最佳时期）。

210. 硅肥在水稻生产中有什么特殊作用？

水稻是吸收硅量最多的植物之一，茎叶中的含硅量可达 10%~20%。每生产 50 千克稻谷稻株要吸收硅酸 8.5 千克~9 千克，根部所吸收的硅随着蒸腾上移，水分从叶片蒸发，大部分硅酸积累于表皮细胞的角质内，形成角质硅酸层。因硅酸不易透水，所以有降低蒸腾强度的作用。充分吸收硅的水稻叶片伸出角度小，叶呈直立，受光姿态好，可增强光合作用能力，硅酸的存在还能增强根部的氧化力，能使可溶性的二价铁或锰在根表面氧化沉积，不至于因过量吸收而中毒。同时，促进根系生长，改善根的呼吸作用，促进对其他养分的吸收，施用硅肥，水稻同化作用旺盛，干物质积累量大，从而稀释植物体内氮的浓度，表现为增强耐氮性，施硅酸肥料还可以促进磷向穗部转移。

缺硅的水稻体内可溶性氮和糖类增加，容易诱发致菌类寄生而减弱抗病能力。已有研究认为，茎叶中的硅酸化合物能对病原菌呈现某种毒性而减少危害。水稻生殖生长期如不能满足硅酸的供给，则易降低每穗粒数和结实率，严重时变成白穗。

211. 水田氮、磷、钾肥的利用率各是多少？

氮肥的利用率：氮素化肥表施的利用率分别为硫酸铵 45.4%，尿素 34.8%，碳酸氢铵 26.8%。施入土壤中的氮素去向可分为水稻吸收、土壤残留、损失三部分。氮肥在土壤的损失，一是反硝化过程，损失约 10%~15%，最高可达 20% 左右；二是施用方法不当，铵态氮通过挥发损失可达 5%~50%；三是随水淋失，例如施入稻田的尿素，一般经过两三天水解后转化为铵才能被水稻吸收和土壤胶体吸附，若在 24 小时内排水，氮素损失可达 10%~20%；四是残留在土壤中的氮除了被土壤胶体吸附外，还有10%左右被黏土矿物固定难以释放。

磷肥的利用率：磷肥利用率一般为 10%~25%，平均为 14%，明显低于氮肥，主要是因为施入土壤中的磷很快和土壤中的铁、铝、钙结合难溶性磷酸盐（称化学固定作用）。这种固定作用也有好的一面，可以减少淋洗作用引起的损失，被固定的一部分磷素是弱酸溶性，可以供第二年植物吸收利用。稻田在淹水条件下有助于磷素的释放，所以水田土壤有效磷的含量比相应的旱田土壤高。

钾肥的利用率：由于土壤黏性土矿物类型、水分状况和土壤酸、碱性的影响，土壤对钾的固定量差别很大，一般可在11%～77%之间。钾的固定可以减少淋溶损失，在一定条件下还会重新释放出来，通常是干湿交替作用频繁、pH值升高，钾的固定量增加。土壤中钾的消耗主要是水稻吸收和淋失，而钾的补给主要来自肥料，降雨带来少量的钾，另外残留在土壤中的根茬补充一定的钾。总的来看，土壤中钾的移动性小于硝态氮而大于磷，所以也有一定的淋失量，钾的利用率一般为50%～60%。

212. 每667平方米生产500千克稻谷需要氮磷钾各是多少？

每667平方米生产500千克稻谷对氮、磷、钾三要素吸收数量，因不同稻区土壤条件、气候条件以及品种不同而有一定差异。但无论在北方不同生态区，还是本省不同稻区，大都是随产量的提高逐渐增加。每667平方米生产500千克水稻一般需要16.175千克尿素，如果用硫酸铵则为37.2千克，磷酸二铵12.5千克，氯化钾27.4千克。三要素之比为1:0.77:1.84.

213. 如何提高水田氮肥的利用率？

氮肥的损失有多种途径，除了氮的挥发损失外，都是通过硝化作用产生的。因此，提高氮肥利用率，主要是以防止铵的硝化为主。

深层施肥：把铵态氮肥或尿素深施到3～5厘米深的还原层中，铵离子为土壤胶体吸附，保持在还原层中，避免肥料在氧化层进行硝化作用，以提高氮的利用率。

氮肥增效剂：又称硝化抑制剂，即使用化学制剂来抑制稻田土壤微生物的反硝化作用，以减少脱氮的损失。目前我国使用的主要氮肥增效剂有西吡、吡啶及基硫脲等。

长效氮肥：长效氮肥主要有三种。一是有机合成氮肥，如尿素甲醛肥

料；二是包膜肥料，如硫衣包膜素；三是长效性无机氮肥，如磷酸镁铵。长效氮肥的作用主要为了防止可溶性氮肥的流失，施氮素的供应尽可能与水稻生长过程中的氮素吸收相吻合，以提高氮素利用率，同时避免大量氮肥集中施用引起烧苗。

氮肥可配合生物菌剂表层施入，每次用氮肥就加生物菌剂起到固氮作用，提高氮肥利用率。

214. 种水稻为什么要重视施用磷肥？

在水稻生产中，磷肥的施用量虽然比氮肥少，但是细胞增殖对核酸形成、蛋白的同化促进、增进体质等有决定性作用。磷是水稻营养中的重要养分，吸收磷多，氮素同化也好，植株健壮，子粒成熟度好。向子实中流转的磷营养的数量直接影响水稻成熟。因此，水稻吸收磷的多少，决定着高产、优质的可能性。

与氮和钾相比，水稻根系吸收磷的活力较弱，而且水溶性的磷极易被土壤吸附固定而成为难溶性的，施用磷肥的吸收率仅为 20% 左右。因此，高产田应适当多施磷肥。

215. 水田生产怎样提高磷肥的利用率？

施用磷肥效果的大小，既取决于土壤中可给态磷的含量，也决定于土壤性质，如有的土壤可以促进难溶性磷酸盐的溶解，而另外一些土壤则能够引起可溶性磷酸盐的固定。一般磷肥施到土壤后，很快和土壤中的铁、钙和铝等结合成不溶性的化合物即磷的化学固定作用，这是磷利用率低的主要原因。

为了提高磷肥的利用率，一方面是将磷肥作为基肥施用，水稻苗期需要丰富的磷，吸入体内的磷可多次再利用。而在生长后期，水稻根已充分扩展，其吸磷明显大于前期。另一方面淹水的时间越长，土壤磷的有效性也相应增加，所以一般基肥优于追肥。二是磷肥集中施入水稻根际附件，由于磷在土壤中很难移动，应将磷肥所施的位置靠近水稻根系。集中施磷不仅可以使局部土壤得到更多的磷，保持较高的水溶性磷含量，而且也有利于减少磷的固定作用。另外，根外追肥可以促进水稻吸收磷肥。

216. 水田为什么要施用钾肥？种类有哪些？

随着氮、磷肥料用量的增加和单位面积产量的提高，施用钾肥已成为一些地区高产的重要措施之一，不同土壤对钾肥的反应，主要取决于土壤的钾素供给水平。土壤钾素来源于土壤含钾矿物，但含钾的原生矿物和黏土矿物只能说明钾素的潜在供给能力，而土壤实际上能供给的钾素水平，则取决于含钾矿物分解成可被作物吸收的钾离子的速度和数量。高产水稻需要大量钾肥，由于土壤中钾的消耗不断增加，仅靠数量有限的有机肥和土壤本身所提供的钾素已不能满足高产水稻的需要，过去不缺钾的土壤现在开始表现出有效钾不足的症状。因此，水稻生长期间要进行钾肥补充。

使用种类：

（1）硫酸钾（K_2SO_4）：含量50%纯净硫酸钾为白色或灰色结晶，吸湿性弱，储存时不结块，易溶于水是速效钾肥。硫酸钾属生理酸性肥料，施入土壤后钾离子可被作物吸收和被土壤吸附，而硫酸根残留在土壤溶液中形成硫酸增加土壤酸性。硫酸钾可做基肥、追肥，但因钾在土壤中移动性很小，一般作基肥或早期追肥效果好。

（2）氯化钾（KCl）：含量60%纯氯化钾是白色结晶，有时稍带浅色或红色。有吸湿性，能溶于水，也是速效钾肥。氯化钾施入土壤后，钾离子直接被作物吸收利用，也可与土壤胶体上的阳离子进行交换，残留下来的氯离子相应地产生盐酸，氯化钾也是生理酸性肥料。

（3）草木灰是稻田广为应用的钾肥，呈碱性反应。它成分较杂，含作物所需的各种矿物元素，其中钾元素最多。草木灰是速效性碱性钾肥，其钾素主要呈碳酸钾形态，有少量硫酸钾、氯化钾。草木灰可作底肥和追肥。

217. 为什么强调深层施肥？

前面已经谈到，施用水田土壤的氮素化肥，能为水稻吸收利用的有30%~50%，利用率不高的原因主要是硝化作用和反硝化作用引起的脱氮损失。深层施肥是将铵态氮肥深施于水田土壤还原层，受硝化作用影响小，以铵离子形态为土壤胶粒所吸收，从而减少渗漏。同时，由于缺乏反硝化作用基质，还可以减少脱氮造成的气体损失。因而，深施比表施可以大大提高氮肥的利用率。

218. 冷浸水田施肥应掌握哪些要点？

冷浸水田的特点是水分过多，土壤中的空气过少，土质冷凉，影响土壤微生物活动，所以有效养分含量极低，因经常处于还原状态，水稻根系生长发育不良，致使前期生长缓慢，分蘖少，后期则随气温的上升，有机质矿化迅速，又易促进水稻过量吸收养分，使植株猛发徒长，诱发稻瘟病和延迟出穗而影响产量，因此，冷浸田施肥要掌握的原则是：早追施返青肥，适当控制后期施肥，防止贪青晚熟及成熟度低；增磷补锌。冷凉条件下水稻吸磷受阻，因此要增加磷肥的施用量，同时补充锌肥。

219. 盐碱地种稻在施肥上要注意哪些问题？

（1）以增施有机肥为主，适当控制化肥施用量，有机肥中含有大量的有机质，可增加土壤对有害阴、阳离子的缓冲能力。有机肥又是迟效性肥料，其肥效持久而不易损失，有利于保苗、发根、促进生长。盐碱地施用化肥量不宜太多，一般碱性稻田可选用偏酸性肥料施用，如过磷酸钙、硫酸铵等。含盐量较高的稻田可施用生理中性肥料，以避免加重土壤的次生盐变化。盐碱地施用化肥应分次施用。

（2）增施磷肥，适当补锌。磷的有效性与土壤酸碱度有密切关系。在土壤 pH 值 $6\sim7.5$ 的范围内，速效态磷较多。pH 值大于 7.5 时，则形成难溶性磷酸钙盐，速效磷降低。盐碱地开发种稻后，淹灌 $30\sim50$ 天，土壤 pH 值由 8 降到 $7.0\sim7.3$，因此，有效态磷量也有一定程度的增加，但仍低于非盐碱地土壤淹灌后磷的含量。因此，盐碱地水田要增加磷的施用量。在内陆盐碱地稻区，缺锌现象比较普遍，容易产生稻缩苗。因此，盐碱地水田要适当补锌，可采用插秧后叶面喷雾方法。

（3）改进施肥方法。盐碱地氮的挥发损失比中性土壤大，深层施肥肥效明显高于浅表施肥。因此，改进盐碱地施肥技术，一是应选用颗粒较大肥料，以减少表面积与土壤接触。二是改多次表施为 80% 做基肥深施肥或全层施肥，20% 作为穗肥表施。

220. 新开水田施肥要注意哪些问题？

新开水田的土壤通透性好，疏松、土温高，土壤氮素主要以硝态氮为主，铵态氮含量很低，改种水田淹水后相当长时期内，土壤氮素形态仍以硝态氮为主体，还不能快速转化为铵态。由于硝态氮比较活跃，很容易发生流失、淋洗或脱氮，以至于土壤处于暂时性的缺氮状态，容易出现稻苗长势慢，分蘖延迟。另外，旱改水后稻田中磷素也不足。因此，新开水田施肥原则是：基肥氮、磷要充足。新开稻田基肥中氮素要比一般水田施用量高，磷肥施用量要根据具体情况而定，一般低洼冷凉、有机质含量低的地块施用量要高。

增施锌肥。锌与光合作用、呼吸作用中吸收和释放二氧化碳的过程有关，又与生长素的前身色氨酸的形成有关，是水稻生长发育中的必需微量元素。新开水田稻苗容易出现缺锌症，因此要适当补施锌肥。

221. 水稻品种配方施肥列举

基础肥：底肥少、浪费少，底肥多、浪费多，配方施肥是很有必要的；

追肥、分蘖肥：加快返青提前进入营养生长期；

孕穗肥：在水稻主穗归圆出现 1~2 厘米小节就施肥，晚了不解决问题。

（1）稻花香配方施肥方法 1：

技术指标：（N）99 千克–（P_2O_5）60 千克–（K_2O）90 千克

（N）1:（P_2O_5）0.6:（K_2O）0.9

底肥：46% 尿素 33.5 千克 +64% 磷酸二铵 130 千克 +60% 氯化钾 100 千克。

返青肥：35% 速溶锌 500 克 + 矿源黄腐殖酸钾 1000 克 +20% 硫酸铵 52.2

千克+46%尿素 29.5 千克+5 亿/克生物菌剂 40 千克。

分蘖肥：35%速溶锌 500 克+矿源黄腐殖酸钾 1000 克；20%硫酸铵 45 千克+46%尿素 15 千克+5 亿/克生物菌剂 40 千克。

穗肥：5 亿/克生物菌剂 40 千克+60%氯化钾 50 千克+46%大颗粒硫包衣尿素 43.5 千克。

（2）稻花香配方施肥方法 2：

技术指标：（N）99 千克-（P$_2$O$_5$）74.5 千克-（K$_2$O）119 千克（N）1∶（P$_2$O$_5$）0.75∶（K$_2$O）1.2

底肥：64%磷酸二铵 122 千克+60%氯化钾 100 千克+尿素 50 千克。

插秧前：二铵 25 千克+46%大颗粒硫包衣尿素 6.5 千克+60%氯化钾 48.5 千克+5 亿/克生物菌剂 40 千克+硫酸铵 50 千克。

分蘖肥：46%尿素 27 千克+硫酸铵 25 千克+5 亿/克生物菌剂 40 千克。

穗肥：64%磷酸二铵 15 千克+60%氯化钾 50 千克+46%尿素 36 千克+5 亿/克生物菌剂 40 千克。

（3）长粒品种配方施肥方法 1（绥粳 18）：

技术指标：（N）120 千克-（P$_2$O$_5$）60 千克-（K$_2$O）90 千克

（N）1∶（P$_2$O$_5$）0.5∶（K$_2$O）0.75

底肥：46%大颗粒硫包衣尿素 36 千克+64%磷酸二铵 130 千克+60%氯化钾 90 千克。

插秧前：46%大颗粒硫包衣尿素 43.5 千克+60%氯化钾 10 千克+5 亿/克生物菌剂 40 千克。

返青肥：35%速溶锌 500 克+矿源黄腐殖酸钾 1000 克+硫酸铵 100 千克。

分蘖肥：尿素 43.5 千克+5 亿/克生物菌剂 40 千克。

穗肥：46%大颗粒硫包衣尿素 43.5 千克+60%氯化钾 50 千克+5 亿/克生物菌剂 40 千克。

（4）长粒品种配方施肥方法 2：

技术指标：（N）120 千克–（P_2O_5）60 千克–（K_2O）90 千克

（N）1:（P_2O_5）0.5:（K_2O）0.75

底肥 45%（氮 15–磷 15–钾 15）

底肥：46%大颗粒硫包衣尿素 79.5 千克+64%磷酸二铵 130 千克+60%氯化钾 100 千克。

返青肥：硫酸铵 25 千克+尿素 27 千克+5 亿/克生物菌剂 40 千克。

分蘖肥：尿素 50 千克+5 亿/克生物菌剂 40 千克。

穗肥：46%大颗粒硫包衣尿素 43.5 千克+60%氯化钾 50 千克+5 亿/克生物菌剂 40 千克。

（5）短粒品种配方施肥方法 3（龙粳 31）：

技术指标：（N）121.5 千克–（P_2O_5）52 千克–（K_2O）68 千克

（N）1:（P_2O_5）0.43:（K_2O）0.56

底肥 48%（氮 18–磷 13–钾 17）

底肥 46%大颗粒硫包衣尿素 67.6 千克+64%磷酸二铵 67.8 千克+60%氯化钾 68.1 千克。

插秧前：46%大颗粒硫包衣尿素 22 千克+64%磷酸二铵 22.6 千克+60%氯化钾 22.7 千克+5 亿/克生物菌剂 40 千克。

返青肥：硫酸铵 50 千克+尿素 21.5 千克

分蘖肥：尿素 32.5 千克+硫酸铵 75 千克+5 亿/克生物菌剂 40 千克。

穗肥：46%大颗粒硫包衣尿素 22 千克+64%磷酸二铵 22.6 千克+60%氯化钾 22.7 千克+5 亿/克生物菌剂 40 千克。

（6）超级稻品种配方施肥方法

技术指标：（N）150 千克–（P_2O_5）75 千克–（K_2O）112.5 千克

（N）1:（P_2O_5）0.5:（K_2O）0.75

底肥：46%大颗粒硫包衣尿素 104.5 千克+64%磷酸二铵 150 千克+60%氯化钾 112.5 千克。

插秧前一天：20%硫酸铵 50 千克+46%大颗粒尿素 15 千克+5 亿/克生

物菌剂 40 千克。

返青肥：20%硫酸铵 25 千克+46%尿素 28.5 千克+60%氯化钾 12.5 千克。

分蘖期：46%尿素 32.5 千克+20%硫酸铵 25 千克+60%氯化钾 8.5 千克+5 亿/克生物菌剂 40 千克。

穗肥：大颗粒尿素 38 千克+二铵 13 千克+氯化钾 54 千克+5 亿/克生物菌剂 40 千克。

222. 为什么低温年施肥量大空壳多？

栽培条件与耐冷性关系很大，过多施氮肥，植株生长繁茂，孕穗期叶片含氮量过高，组织细嫩，抗御低温冷害能力就会下降。一旦遇到低温，就会增加不育率。因此，在低温年份，施肥量大的地块水稻不育率明显比施肥量少的地块高。

223. 生物菌剂在水稻上的作用及注意事项？

通过生物菌剂在土壤有机质的融合作用下，能够在短期内把土壤中的氮、磷、钾释放出来，拌到化肥里能把肥料固定在土壤里，有溶磷解钾固氮作用，能够提高化学肥料的利用率。生物菌剂不能与肥料深施，只能配合肥料表层施用才能发挥作用。

224. 分次使用生物菌剂有哪些作用？

生物菌剂第一次用，是在水稻插秧前配合底肥应用，能够达到水稻早生快发作用，降低冷害危害。

生物菌剂第二次用，是在水稻分蘖期用，能起到根深叶茂的作用，再配合土壤浅干施水层管理增强抗倒伏能力。

生物菌剂第三次用，是在水稻主穗放圆配合穗肥应用，能够达到壮秆大穗、提高千粒重、促进早熟、提前收获。

225. 磷酸二氢钾对水稻的生长发育具有什么作用？

促进水稻氮磷吸收：磷酸二氢钾可促进水稻对氮、磷的吸收，快速补磷，提高水稻产量和千粒重，在作物特殊生理时期能起到特殊的作用。

（1）促进光合作用：钾元素在水稻生长中起增强作物光合作用，加速营养物质制造和转化。

（2）提高水稻抗逆能力：磷酸二氢钾能提高水稻的抗逆性，如抗旱、抗干热风、抗涝、抗冻、抗损伤促愈合、抗病菌侵染等。

提高稻米品质：灌浆期喷施可起到增加千粒重，可提高稻米的品质，改善口感等。

（3）调节水稻生长：磷酸二氢钾具有调节剂的作用，能促进水稻花芽分化、增加开花数、花苞硕壮、壮花保果、提高坐果，还能有效促进根系的生长发育。

226. 如何使用磷酸二氢钾？

第一次水稻破口期每公顷 500 克磷酸二氢钾兑 150 千克水，于下午 4 点开始喷雾，可以与部分杀菌剂混用。首先，喷雾器内放 5 千克水。先用少量的水溶解二氢钾，溶解后放到喷雾器内。其次，把杀菌剂用水溶解放入喷雾器里，再加入水搅拌均匀喷雾。最后，飞机航化要在农技师的指导下使用。

第二次水稻齐穗期每公顷 500 克磷酸二氢钾兑 150 千克水，于下午 4 点开始喷雾（使用方法同上）。

第三次水稻灌浆期每公顷 500 克磷酸二氢钾兑 150 千克水，于下午 4 点开始喷雾（使用方法同上）。

227. 磷酸二氢钾使用八大禁忌是什么？

（1）禁止与碱性产品混合使用：1% 磷酸二氢钾的水溶液 pH 值在 4.6 左右，属于偏酸性，与碱性的肥料和农药混用会发生化学反应，会出现絮结、沉淀、变色、发热、产生气泡等不正常化学反应，这个时候都会导致磷酸二氢钾功能的失效。

（2）禁止与含碳酸根的产品混用：因为碳酸根和磷酸二氢钾的氢离子反应生成二氧化碳（CO_2）气体。比如碳酸钾、碳铵、碳酸氢铵、碳酸氢钠等。

（3）禁止与含铜离子的产品混用：磷酸二氢钾不能和氢氧化铜、碱式硫酸铜、硫酸铜钙、氧化亚铜、络氨铜、喹啉铜等铜制剂混合使用，这些游离的铜离子会与磷酸根离子发生反应生成絮结、沉淀。

（4）禁止与游离态的中微量元素（钙、镁、锌、铁）混合，糖醇态的现配现用。

（5）禁止在生长前期过量使用：钾会与镁、钙等离子产生拮抗作用，影响这两类离子的吸收，不利于植物细胞生长，影响植物抽秧长个，对于后期产量影响较大。

（6）禁止将磷酸二氢钾替代施基肥：因为磷酸二氢钾水溶性非常好，遇水容易溶解；深埋土壤中，也很容易被雨水冲淋走，效果短，所以不建议用作基肥使用，基肥还是使用复合肥，缓释长效。磷酸二氢钾水溶性好，速效性强，用于花芽分化等关键期的叶喷，也可以根部冲施。

（7）禁止在高温、高浓度下使用：高温会导致磷酸二氢钾溶液浓度增大，容易造成肥害。浓度过高，也会产生肥害烧叶、烧根的情况，磷酸二氢钾喷施时间应当避开高温期，最好选择上午 10 点前或下午 4 点后使用。高温季节禁止使用高浓度磷酸二氢钾溶液叶喷。

禾本科水稻等作物可以 300~500 倍浓度喷雾，其他作物建议以 500~800 倍浓度喷雾为佳，稀释倍数不低于 300 倍，最好 500 倍以上。

（8）禁止先乳油后磷酸二氢钾：与乳油类农药混用时，乳油类最后加入，以免影响磷酸二氢钾溶解。因为先放乳油，再放磷酸二氢钾，没有二次稀释，于是油包住了磷酸二氢钾微粒。所以在配药时，一定要先溶解粉剂、颗粒剂，最后加入乳油。

228. 锌肥用在水稻上具有哪些作用？

锌肥的作用是促进水稻氮素代谢、促进根系生长发育、促进水稻进行光合作用、促进花芽分化、增强水稻抗逆性、预防病虫害的发生、降低果实酸度、提高含糖量、提高水稻的产量和品质。锌肥的使用方法很多，有浸种、叶面喷施、基施、拌种、追施等，一般常用方法是叶面喷施。锌肥还可以做基肥隔年施用。每公顷叶苗喷施 35% 速溶锌 0.25 千克，兑水量

120 千克，下午 4 点后喷施。

●快速问答

（1）壮秧剂的肥料执行标准是多少？

　　氮 9 磷 4.5 钾 1.5，总含量 15％。

（2）什么是水稻田土壤氧化层？

　　水稻田耕层 10 毫米以上是氧化层，有机质含量高，土壤通透性好，保水性好，升温速度快。

（3）什么是水稻田土壤还原层？

　　水稻田耕层 10 厘米以下，无有机质、保水性差、土壤发冷，通透性差、蒜瓣土，升温慢。

（4）水稻田常用的氮肥都有哪些？

　　46％大颗粒尿素、46％小颗粒尿素、20％硫酸铵、25％氯化铵等。

（5）水稻田常用的磷肥都有哪些？

　　64％硫酸二铵、55％磷酸一铵、25％过磷酸钙等。

（6）水稻田常用的钾肥都有哪些？

　　60％氯化钾、50％硫酸钾。

（7）如何换算氮素用量？

　　如果返青期用纯氮 17.5 千克：17.5÷0.46＝商品尿素 38 千克

　　就是用需求量除以氮素的商品含量。

　　如果用硫酸铵纯氮 17.5 千克：17.5÷0.2＝商品硫酸铵 87.5 千克

（8）磷酸二铵换算磷元素的公式是什么？

　　60 千克纯磷÷0.46＝商品磷酸二铵 130 千克

（9）如何进行钾肥换算？

　　氯化钾 75 千克纯钾÷0.6＝商品氯化钾 125 千克

　　硫酸钾 75 千克纯钾÷05＝商品硫酸钾 150 千克

（10）常用掺混肥 45％（N15－$P_2O_5$15－K15）配方是什么？

　　大颗粒尿素 10 千克+磷酸二铵 16.5 千克+氯化钾 12.5 千克

（11）常用掺混肥 46%（N16- $P_2O_5$13-K17）配方是什么？

大颗粒尿素 12 千克+磷酸二铵 14 千克+氯化钾 14 千克

（12）常用掺混肥 48%（N18- $P_2O_5$13-K17）配方是什么？

大颗粒尿素 14 千克+磷酸二铵 14 千克+氯化钾 14 千克

（13）常用氮钾追肥 25%（N20- $P_2O_5$0-K5）配方是什么？

大颗粒尿素 11 千克+硫酸铵 25 千克+硫酸钾 5 千克

（14）种植水稻要提倡五项施肥指标是什么？

产量指标、质量指标、经济指标、生态指标、改土指标。

（15）六项施肥技术要综合运用是为什么？

肥料种类或品种施肥量养分配比施肥时期、施肥方法、施肥时间。

第五章　植物与保护

229. 如何对水稻进行防治病虫害和除草？

（1）防病

主要以预防稻瘟病为主，加强预测预报，控制发病中心。药剂防治抓住关键时期，适时用药。水稻叶瘟的最佳防治时期是水稻的 9.1~9.5（11叶）叶期，穗颈瘟的最佳防治时期是孕穗末期和齐穗期，枝梗瘟和粒瘟的最佳防治时期是抽穗后 15 天。建议预防可采取以下药剂：75%丰登每亩25~30 克，或 20%三环唑每亩 100 克，或 40%瘟扫净乳油每亩 80 毫升，或 25%使百克每亩 20 毫升。发病后治疗可采用以下药剂：25%使百克（施保克）每亩 30 毫升，或 40%瘟扫净每亩 100 毫升，或 40%富士一号可湿性粉剂每亩 100 克。

（2）防虫

一是防潜叶蝇。每公顷可选用 40%氧化乐果乳油 750 克，兑水 450 公斤喷雾，施药前将水撤至 5 厘米，1 天后灌正常水；或 3%啶虫咪、5%锐劲特等。二是二化螟。二化螟的防治一般应在预测预报的基础上，做好农业、物理和化学防治。防治二化螟要抓住幼虫孵化后，钻蛀为害之前的时机打药防治，如果钻蛀为害之后打药防虫效果较差。应在卵孵化高峰后的3~5 天打药，一般为 7 月上旬。化学药剂防治二化螟可采取普遍防治和局部防治两种方法。在发生较重的地块进行普遍打药防治，在发生较轻的地块进行局部防治，建议采用以下药剂：5%锐劲特悬浮剂 30~40 毫升/亩，兑水 40~50 升喷雾，药效期长达 20~30 天，或 90%杀虫单可溶粉每公顷用 0.6~0.9 公斤，或 20%三唑磷乳油每公顷用 1.5~2.25 升，或 48%毒死蜱乳油每公顷 0.9~1.2 升，兑水喷雾，整个水稻生育期用药 3~5 次（间

隔 7~10 天)。

(3) 除草

根据不同的杂草群落选择不同的除草剂，达到最有效的杀灭杂草效果。人工除草要在 7 月初完成，抽穗后拿净田间稗草及池埂草。具体方法是：应用苯噻草胺、马歇特或阿罗津+草克星、农得时、威农、莎多伏、太阳星等配方。对于插秧时缺水地区推广应用苯噻草胺或阿罗津插前插后两次用药，对于以三棱草为主的地块采取农得时、威农、草克星插前插后两次用药。超稀植栽培应以可促进水稻分蘖、避免造成隐性药害的配方，如禾大壮+农得时等。施药应在插秧后 5~7 天，秧苗返青后。

一、水稻病害

230. 秧苗基部水渍状发黄枯死（绵腐病）

症状：绵腐病受低温高湿等影响，种子播量过厚基部出现渍状，严重时秧苗发黄枯死。

主要原因：绵腐病菌是土壤中弱寄生菌，只能侵染受伤的种子和生长受抑制的幼芽，一般完好的种子基部不发病。当低温影响水稻生长时提供了病原菌侵染条件，播种后温度越低，持续时间越长，对水稻生育影响越大，绵腐病就可能越严重。

防治措施：严格精选水稻品种，严防糙米和破损种子下地，育苗前用药剂防治：选用 30% 精甲噁霉灵每平方米 1.6~2.0 毫升，预防绵腐病。

231. 秧苗枯萎（立枯病）的症状和原因是什么？如何防治？

症状：发病秧苗按发病时间可分为 3 个阶段；芽腐、基腐、黄枯。病苗出苗后就会枯萎，叶色呈枯黄萎蔫状，叶片打绺，并易拔断，病株基部腐烂，散发烂梨味，发病较重时可导致秧苗死亡，枯苗呈穴状。

主要原因：立枯病是秧苗期间威胁较大的主要病害之一，多由不良环境（低温多湿、温差过大、光照不足、土壤偏碱、秧苗细弱、播种量过大等）诱致土壤中致病真菌寄生所致，每年都有不同程度发生，严重时造成秧苗不足，延误农时，以至于影响水稻产量。

防治措施：①对种子和土壤进行消毒、提高秧苗抗病力；控制好温度和湿度，使土壤水分充足，但不能过湿。②晒种、盐水精选稻种；达到两个双百要求，百分之百势，百分之百芽率。③播种时间适宜，不要盲目抢早；播种量要适宜，播种密度不宜过大。④要及时药剂防治，1叶1心防治可以选用30%精甲恶霉灵每平方米1.6~2.0毫升，3天后可以再次巩固，用水溶肥每平方米2.2毫升，两者兼顾不仅能够对土壤消毒，还能直接被植物根部吸收，进入植物体内，促进植物生长。

232. 秧苗青枯（青枯病）的症状和原因是什么？如何防治？

症状：水稻青枯病是一种生理性病害。水稻苗期的生理性青枯比较常见，常与立枯病混合发生，症状是发病植株叶片萎蔫内卷，典型的失水症状，叶片与谷壳呈青灰色，似割倒摊晒1天的青稻，茎秆基部干瘪收缩，病株易拔起，根系早衰，拔起病株发现根部基本无白根，全部为铁锈色黄根。该病发病迅速，发病前，健株无异样、表现正常，往往1~2天内突发成灾，造成大面积青枯死亡。

主要原因：生理性病害青枯病多发生在水稻离乳期后，主要是由低温冷害、冷后暴晴或者温差过大所致。浇水遍数多，温度控制不当是主要因素。

防治措施：2叶1心前早通风、早关棚。阴天情况下也要坚持通风炼苗，也可以适当补充生根药剂，强化根系活力，禁止打激素类的农药与叶面肥。

233. 恶苗病的症状有哪些？如何防治？

症状：病苗比健壮苗高而细弱；叶片和叶鞘窄长，淡黄色；根部发育不良，根毛数目较少，移栽前或移栽后陆续死亡。本田一般一个月后出现病株；病状和苗期相似，分蘖少或者不分蘖，节间显著增长，叶部常弯曲露出叶鞘之外，其上倒生不定根，病株多数不抽穗，于孕穗前枯死。也有少数病株提早抽穗，但穗小粒少，此病可防不可治。

预防：主要是浸种与包衣预防，目前没有药剂治疗，可以选择25%氰

烯菌酯浸种，也可以选择 25 克/升咯菌腈+37.5 克/升精甲霜灵悬浮种衣剂拌种防治。

234. 水稻纹枯病的症状有哪些？如何防治？

症状：水稻纹枯病又称云纹病。苗期至穗期都可发病。叶鞘染病在接近水面处产生暗绿色水浸状边缘模糊小斑，后渐扩大呈椭圆形或云纹形，中部呈灰绿或灰褐色，湿度低时中部呈淡黄或灰白色，中部组织破坏呈半透明状，边缘暗褐。发病严重时数个病斑融合形成大病斑，呈不规则状云纹斑，常致叶片发黄枯死。叶片染病病斑也呈云纹状，边缘褪黄，发病快时病斑呈污绿色，叶片很快腐烂，茎秆受害症状似叶片，后期呈黄褐色，易折。湿度大时，病部长出白色网状菌丝，后汇聚成白色菌丝团，形成菌核，菌核深褐色，易脱落。

防治：水稻分蘖中期预防每公顷用 30%苯醚丙环唑 300 毫升兑 120 千克水于下午 4 点后人工喷雾；病情严重时每公顷用 30%苯醚丙环唑 300 毫升，兑水 120 千克再次均匀喷雾全株，7 天用药一次。

235. 稻曲病发病原因是什么？如何预防？

发病原因：此病主要以菌核在土壤越冬，翌年 7~8 月间萌发形成孢子座，孢子座上产生多个子囊壳，其内产生大量子囊孢子和分生孢子，条件适宜时萌发形成分生孢子。孢子借助气流传播散落，在水稻破口期侵害花器和幼器，造成谷粒发病。病菌侵染始于花粉母细胞减数分裂期之后和花粉母细胞充实期，而花粉母细胞充实期前后是侵染的重要时期，此病可防不可治。

预防：最佳用药期，即水稻破口期每公顷用 30%苯醚丙环唑 300 毫升兑 120 千克水于下午 4 点后人工喷雾。

236. 稻瘟病有哪些症状？其原因和综合防治方法是什么？

症状：

（1）苗瘟：一般发生在三叶期以前。苗瘟多由种子带菌引起，晚稻秧田播种带菌谷种时常有发生。秧苗变褐，卷缩枯死，病苗表面常生绿色霉层，为病菌的分生孢子梗及分生孢子。

（2）叶瘟：常发生于秧苗4叶期以后及本田期稻叶上。在不同的条件下，可形成慢性型、急性型、白点型和褐点型四种不同类型的病斑。

慢性型：纺锤形或菱形，病斑的主要特征是"三部一线"。潮湿时病斑背面生灰绿色霉层。病重时叶片枯死，远看似火烧状。

急性型：急性型病斑暗绿色水渍状，圆形或不规则形，叶片正反两面都有大量灰绿色霉层。急性型病斑的出现常是叶瘟流行的先兆。如天气转晴，或植株抗病性提高或药剂防治后，急性型病斑可转变为慢性型。

白点型：白色圆形小点，约跨2~4条叶脉，斑上一般不产生孢子，嫩叶感病后遇上高温干燥天气，经强光照射或土壤缺水时发生。若遇上适温、高湿天气，则迅速转变为急性型，若条件不适则转变为慢性型。

褐点型：呈褐色点状病斑，局限在叶脉间，有时病斑边缘呈黄色晕圈，斑上不产生孢子，褐点型多见于抗病品种或稻株下部老叶上。

叶枕瘟：是叶舌、叶耳及叶环发病的总称。病部初期呈污绿色，扩展后成灰褐色，边缘有不明显的斑块，常引起叶片早枯或折断，特别是剑叶叶枕发病，常引起穗颈瘟的严重发生。

节瘟：病节变黑色，后期凹陷或病节组织糜烂折断，造成植株枯死。如在节部一侧发生，茎秆成弯曲状，影响养分及水分输送，谷粒不饱满，千粒重下降，或成秕谷。

穗颈瘟：发生于穗颈、主轴及枝梗上，尤以破口至齐穗后5天最易感病。病部褐色，长可达数厘米，早期发病易形成白穗，发病迟的子粒不饱满，病穗易从病部折断，潮湿时病部生灰绿色霉体。

谷粒瘟：病斑以乳熟期最明显，谷粒硕壳上生成不规则形状的深褐色病斑，中间灰白色，影响子粒色泽，严重时造成空秕。

主要原因：水稻品种抗逆性降低，极易感病，秸秆还田没有完全腐熟，硫化物质中毒出现叶瘟。栽培过密，田间通风透光性差，虫害严重的地块易发病。长期连续阴雨、长期深水灌溉、日照不足、多雾多雨等条件下易发病。氮肥严重超量，盲目施肥，少磷缺钾极易发病。

稻瘟病防治：

选择抗病强的水稻品种秸秆还田的地块加大菌剂的施用，能够在短期内使秸秆腐熟，提高土壤的通透性，降低叶瘟的发生。加强田间管理，合理稀植，水层管理要浅干湿交替灌溉；病虫草害要综合防治。要控制氮肥的施用量，科学合理施肥，要按照配方施肥。水稻稻瘟病要以预防为主，治疗为辅，水稻破口期打药一次，水稻齐穗期打药一次。

以穗茎瘟、枝梗瘟为主，在水稻破口期每公顷 40%咪酰胺稻瘟灵 2000毫升+磷酸二氢钾 500 克兑 120 千克水于下午 4 点后喷雾；水稻齐穗期以同等量的 40%咪酰胺稻瘟灵和磷酸二氢钾再巩固一次，确保最佳防治效果。

237. 水稻胡麻斑病的症状有哪些？要如何防治？

症状：从秧苗期至收获期均可发病，稻株地上部均可受害，以叶片为多。种子芽期受害，芽鞘变褐，芽未抽出，子叶枯死。苗期叶片、叶鞘发病：多为椭圆病斑，如胡麻粒大小，暗褐色，有时病斑扩大连片成条形，病斑多时秧苗枯死。成株叶片染病：初为褐色小点，渐扩大为椭圆斑，如芝麻粒大小，病斑中央褐色至灰白，边缘褐色，周围有深浅不同的黄色晕圈，严重时连成不规则大斑。病叶由叶尖向内干枯，潮褐色，死苗上产生黑色霉状物（病菌分生孢子梗和分生孢子）。叶鞘上染病：病斑初期椭圆形，暗褐色，边缘淡褐色，水渍状，后变为中心灰褐色的不规则大斑。穗颈和枝梗发病：受害部暗褐色，造成穗枯。谷粒染病：早期受害的谷粒灰黑色扩至全粒造成秕谷，后期受害病斑小，边缘不明显，病重谷粒质脆易碎。气候湿润时，上述病部长出黑色绒状霉层，即病原菌分生孢子梗和分生孢子。

防治：发现病株用 2%春雷霉素每公顷 2000 毫升+磷酸二氢钾 500 克兑 120 千克水于下午 4 点后喷雾；严重地块一周后以同等量的春雷霉素和磷酸二氢钾再巩固一次，确保防治最佳效果。

二、水稻虫害

238. 怎样进行水稻潜叶蝇与负泥虫综合防治？

幼虫潜食叶肉，致稻叶变黄干枯或腐烂，严重时全株枯死。水稻插秧4~5天后可以用小飞龙（3%毒辛泡腾剂）每公顷1200克抛洒，注意事项：水层要深、要早用，晚用效果不理想，持续期长；同时可以防治负泥虫，达到一药多防效果。

239. 如何防治二化螟？

症状：二化螟是我国水稻危害最为严重的常发性害虫之一，水稻在分蘖期受害造成枯鞘、枯心苗，在穗期受害造成虫伤株和白穗，一般年份减产3%~5%，严重时减产三成以上。

主要原因：二化螟幼虫在稻草、稻株及其他寄主植物根茎中越冬。越冬幼虫在春季化蛹羽化。由于越冬场所不同，一代蛾发生极不整齐。螟蛾有趋光性和喜欢在叶宽、秆粗及生长翠绿的稻田里产卵，苗期多产在叶片里，圆秆拔节后大多产在叶鞘上。初孵幼虫先侵入叶鞘集中危害，造成枯鞘，到2~3龄后蛀入茎秆，造成枯心、白穗和虫伤株。初孵幼虫，在苗期水稻上一般为分散或几条幼虫集中危害；在大的稻株上，一般先集中危害，数十至百余条幼虫集中在一株叶鞘内，至3龄幼虫后才转株危害。二化螟幼虫生命力强，食性广，耐干旱、潮湿和低温等恶劣环境，故越冬死亡率低。

防治措施：二化螟盛发时，水稻处于孕穗抽穗期，防治白穗和虫伤株，7月中旬以卵盛孵期作为重点防治期。在生产上使用较多的药剂品种有20%阿维菌素三唑磷，每公顷1000毫升兑120千克水于下午4点后喷雾杀卵。

三、稻田除草

240. 稻田插前杂草芽前封闭常用药剂都有哪些？

50%丙草胺、60%丁草胺、85%丁草胺、10%丙炔恶草酮、25%恶草酮、12%恶草酮、30%莎稗磷、24%乙氧氟草醚等。

241. 稻田苗后杂草芽前封闭常用药剂都有哪些?

68%吡嘧苯噻酰、10%吡嘧磺隆、10%苄嘧磺隆、50%二氯喹啉酸、80%苄嘧苯噻酰水分散粒剂、60%丁草胺、85%丁草胺、30%莎稗磷等。

242. 最安全的水田除草剂是什么?

最安全的水稻除草剂是50%丙草胺。

243. 什么水田除草剂温度高于28℃水稻停止生长?

25%西草净、50%扑草净。

244. 水稻除草剂(苗后)在什么情况下使用下限?

播种量厚、苗弱、温度低、干旱少水、缓苗慢等用下限。

245. 10%吡嘧磺隆商品名都叫什么?

草克星、水星、韩乐星、一克净等。

246. 防治水葱应该用什么药剂?

85%丁草胺1500毫升+10%吡嘧磺隆300克(每公顷),打浆时甩施。7~12天后插秧。

247. 水稻田水绵怎样防除?

水绵和青苔等海藻类杂草,每公顷用45%三苯基乙酸锡750毫升在插秧20天后地里出现30%水绵时用喷雾器兑45千克水喷洒效果非常明显,或者在当地农技人员指导下应用。

248. 稻田常见有几类杂草?

禾本科杂草、沙草科杂草、阔叶杂草、藻类杂草。

249. 水田除草怎样避免药害?

严格掌握施用方法、精准掌握施药量、水层管理要达标。

250. 水田几种常用剂型除草效果排序是什么?

油悬浮剂>乳油>水分散粒剂>悬浮剂>可湿性粉剂。

251. 水田几种常用除草剂安全排序是什么?

丙草铵>恶草酮>丙炔恶草酮>丁草胺>莎稗磷>乙氧氟草醚。

252.19%氟酮磺草胺都除什么草以及标准用药量？

防除对象：禾本科杂草、沙草科杂草、阔叶杂草，每公顷 120～180 毫升。

253. 稻田除草剂使用要领是什么？

看作物"适类"用药、看杂草"适症"用药、看天地"适境"用药、看关键"适时"用药、看精准"适量"用药。

254. 引起除草剂药害的因素有哪些？

引起药害的因素较多，如时机不准、间隔不够、剂量不精、浓度不佳、施法不妥、配制不好、喷施不均、防护不严、性能不优、器械不洁、混用不当、太阳光照、空气温度、空气湿度、大气降水、空气流动、土壤温度、土壤湿度、土壤质地、土壤中农药残留等，涉及方面较复杂。

255. 插秧前封闭除草剂最佳配方是什么？

每公顷 10%丙炔恶草酮 750 克+50%丙草胺 400 克，插秧前 3 天封闭，保持水层 5～7 厘米，3 天后正常插秧。

256. 苗后前期封闭除草剂最佳配方是什么？

每公顷 80%苄嘧苯噻酰水分散粒 900 克+50%丙草胺 400 克与肥料混拌均匀撒施；保持 5～7 厘米水层 5～7 天。

257. 水稻苗后后期茎叶除草配方是什么？

每公顷 40%氰氟草酯 1500 毫升+25%五氟磺草胺 500 毫升人工叶面喷雾，施药前排干水使杂草完全露出水面，喷完后 24 小时回水。飞机航化要在农技人员指导下减量使用。

258.48%灭草松使用方法是什么？

使用时期：6 月 28 日后至 7 月 5 日前每公顷 48%灭草松 3000 毫升人工叶面喷雾，施药前排干水使杂草完全露出水面，喷完后 24 小时回水。飞机航化要在农技人员指导下减量使用。

259. 46%二甲灭草松使用方法是什么？

使用时期：6 月 28 日后至 7 月 5 日前每公顷 46%灭草松 3000 毫升人工叶面喷雾，施药前排干水使杂草完全露出水面，喷完后 24 小时回水。飞机航化要在农技人员指导下减量使用。

260. 影响水稻田除草剂药效及药害的主要原因是什么？

（1）插秧用药过晚，水稻返青推迟。

（2）插秧后返青前，施药宜产生药害。

（3）返青后毒土处理水层过深，易产生药害，水层太浅药效不好。

（4）茎叶处理时有水层药效降低。

（5）只能做毒土的药剂不能喷雾，否则易产生药害。

（6）毒肥、毒沙处理药效不如毒土，甚至会产生药害。

（7）二氯喹啉酸、二甲四氯、莎阔丹不能在水稻 3 叶期以前 7 叶期以后应用，容易出现药害。

（8）分散性不好的药剂，毒土处理时一定要撒施均匀，否则易产生药害。

（9）用药量大易出现药害。

第六章　其他栽培技术

一、水稻新基质无土旱育苗技术

261. 如何选择秧田地，确定大中棚规格？

（1）秧田地选择

要选择背风向阳，地势平坦，排水良好，水源方便，能建造大中棚的地方做新基质秧田地。

（2）本田比例

人工手插秧和机械播秧均以 1∶100~120 计算。

（3）大中棚规格

大棚高 2.2 米，宽 6~8 米，棚间距离 1.5 米，中间挖排水沟；中棚高 1.7 米，宽 5~6 米，棚与棚之间挖排水沟。

（4）新基质无土旱育苗可比有土旱育苗早播 7~10 天，因此，要提前扣棚，一般在 3 月 25 日进行扣棚，提高床温。

262. 整地做床及物资的相关要求有哪些？

（1）苗床面积

本田面积每公顷按育苗绿色面积 100 平方米准备。

（2）整地做床

清除根茬，打碎坷垃，床底要整平、压实，确保盘底部与床面接触好，不悬空。床边缘修筑高出床面 5 厘米畦埂。

263. 如何处理基质稻壳及铺放？

（1）基质稻壳准备

每公顷准备粉碎好的干稻壳 500 公斤。

（2）稻壳的粉碎

将稻壳用 3~4 毫米孔径的筛片进行粉碎，作为育苗基质，最好加水堆积一年后使用。

（3）稻壳处理

粉碎的稻壳播种前两天放在水里浸泡，保证充分吸收水分，播种前一天晚上将浸泡好的稻壳捞出控水。也可在播种前喷水搅拌，稻壳达到水分饱和为宜。

（4）基质配制

每平方米需壮秧剂 250 克与 4 公斤干稻壳浸泡，控水后的湿稻壳反复均匀混拌，可铺 1 平方米育苗床或机插秧盘 6 个，然后浇透水。

（5）苗床上铺盘或铺有孔地膜

苗床整平压实后，按规格进行铺放秧盘或有孔地膜，铺放一定要平，不能悬空，盘与盘靠紧，防止透风、透气、出苗不齐。

（6）基质铺放

将稻壳与壮秧剂充分混拌后，铺放在摆好的秧盘或有孔地膜上，铺放厚度 2 厘米，上部要平整一致，用木板压实或用笤帚扫平拍实，播种前一次性浇透水。

264. 水稻新基质无土旱育苗技术中，如何处理种子？

（1）选种：应选用当地主栽品种，出芽率在 90% 以上、分蘖率高、抗病性好的优质高产品种。

（2）晒种：选晴天晒种 1~2 天。

（3）筛选：筛出草籽和杂质，提高种子净度。

（4）盐水选种：用比例 1.1~1.3 盐水选种，捞出秕粒，将饱满的种子用清水冲洗两遍后浸种消毒。

（5）浸种消毒：用 25% 施宝克（使百克）10 克，加水 50 公斤，浸 40 公斤种子，在 15~16℃ 的水中浸种 5~7 天，每天人工搅拌 1~2 次。

（6）催芽：催好芽是新基质育苗的关键，将浸好的种子用 50℃ 温水串水后，放在 30~32℃ 的条件下破胸。破胸达 80% 时，将温度降至 25℃ 进行催芽，芽长 2 毫米、根长 4 毫米时摊开晾种待播。

265. 水稻新基质无土旱育苗技术中，播种及覆膜有哪些环节？

（1）播种时间：以当地日气温稳定通过 5℃时开始播种，育苗起始时间为 4 月 5 日，4 月 20 日前育苗结束。可比常规有土育苗提早 7~10 天。

（2）播量：盘式育苗机插每盘播芽种 100~125 克，人工手插秧每盘播 100 克。苗床上种子一定要播均匀。

（3）压种：将苗床上均匀的种子用笤帚拍实。

（4）盖种：将粉碎好的干稻壳每平方米 1 公斤（稻壳喷少量水，防止冒烟、乱飞，但水喷得不宜过多，否则，稻壳易成团，覆盖时厚度不均，出苗不齐），加 KBS 型水稻新基质育秧营养剂 250 克混拌均匀后，平铺苗床种子上，铺盖厚度一般以 0.3~0.5 厘米为宜，然后用笤帚拍平拍实。

（5）浇水：盖完种后用细眼喷壶浇透水，有露种的地方要及时补盖好。

（6）覆盖地膜：盖种浇水后覆盖地膜。地膜要用土将周围压严，以达到保温保湿的作用。

266. 水稻新基质无土旱育苗技术中的苗床怎样管理？

（1）秧苗标准

秧龄 30~35 天，叶龄 3.5~4 叶，株高 13~15 厘米，茎粗 0.2~0.3 厘米，14 条根以上，白根，根多、根长，第一叶鞘长 3 厘米以上，地上百株干重 3 克以上。

（2）水分管理

播种后出苗间隔两天检查一次。有落干现象马上进行补水，确保出齐苗的水分需要。秧苗出齐见绿及时揭地膜。水稻新基质无土旱育苗水分管理非常重要，是能否出齐苗的关键。因此，播种后，1.5 叶前一定保持好水分，浇水一定要在早晨 7 点前，浇水最好是喷出雾状的水，防止浇大水、浇凉水，造成床温下降出苗晚，易露种子，出苗不齐。

（3）温度管理

播种到出苗，以密封保温为主，棚温控制在 30~32℃。出苗至 1 叶 1 心期，棚温控制在 25~28℃并开始通风。1 叶 1 心至 2 叶 1 心期，棚温 20 ~25℃，逐步增加通风，严防高温烧苗徒长。2 叶 1 心至 3 叶 1 心期，棚温控制在 20℃，根据天气情况揭盖棚膜，锻炼秧苗，逐步适应外界气候条件，如有零下低温时增加覆盖物，防止冻害。

（4）病害管理

秧苗 1 叶 1 心期，用 35%清枯灵 10 克对水 2.5 公斤，喷雾 30 平方米苗床，或用 40%苗病清 25 克兑水 15 公斤，浇施 20 平方米苗床，防止立、青枯病的发生。

（5）苗床追肥

秧苗在 2.1 叶期如发现缺肥，每平方米用硫酸铵 25 克或尿素 10 克稀释 100 倍液叶面喷雾，喷后用清水喷洒洗苗，促进秧苗健壮。

（6）虫害的防治

插秧前 2~3 天，喷施防虫剂大功臣 10 克兑水 50 公斤，喷 100 平方米的苗床，带药下田，防止潜叶蝇虫害的发生。

二、寒地水稻旱育稀植栽培技术

267. 什么是水稻旱育秧稀植栽培技术?

水稻旱育秧稀植栽培技术是黑龙江省稻作技术上的重大改革及突破性增产措施。此项技术，以优质高产品种为前提、以旱床稀播壮秧为基础、以稀植分蘖增产为中心、以水肥田间管理及防除病虫草害为保证的综合技术措施。特征描述为稀播壮秧、稀植高产。应用本项技术一般比直播增产 50%左右，比湿润育秧增产 25%以上。

黑龙江省水稻旱育秧稀植栽培技术的研究始于 20 世纪 50 年代，当时采用温床、油纸、草帘等覆盖旱床育秧。于 60~70 年代采用塑料薄膜保温旱床育秧，但推广面积甚微。80 年代伊始，日本水稻专家藤原长作到黑龙江省方正县传播寒地水稻旱育秧稀植移栽技术。经过两国水稻专家的共同努力，研究创新，1981 年由黑龙江省科委主持，组织省内水稻专家评估论证,定名为"寒地水稻旱育秧稀植栽培技术",简称"水稻旱育稀植技术"。1984年省科委立项在方正县进行"万亩千斤攻关试验"并确定在全省推广以来,极大促进了全省水稻生产的快速发展。

268. 如何选用品种?

在相同条件下,稻谷产量因品种不同而有明显的差异,越是高产栽培,这种差异将会越大。因此,高产栽培一定要选用生育期适宜、能正常抽穗安全成熟、茎秆粗壮抗逆性强、分蘖中等穗偏大、叶片直立光合效率高的优质高产品种。

必须根据品种的特点,采用相适应的技术措施,所谓"良种良法"说的就是这个道理。因此,选用品种一定要经过试验示范,切忌不可盲引乱种,超区种植。

水稻品种的主茎叶数是一个比较稳定的性状,与生育期的长短密切相关,即叶数越多的品种,其生育期也越长,反之则相反。而生育期又同积温密切相关,表1.1提供了品种叶片数及生育期的相关参数,请根据当地的气温条件,正确选用生育期适宜的品种。

表 1.1 黑龙江省各积温带选用品种指标

积温带	≥10℃积温	主茎叶数	抽穗期	成熟期
第一积温区	>2700	13~14	8月5日~10日	9月25日
第二积温区	2500~2700	12~13	8月1日~5日	9月20日
第三积温区	2300~2500	11~12	7月25日~8月1日	9月15日
第四积温区	2100~2300	10~11	7月20日~25日	9月10日
第五积温区	1900~2100	9~10	7月15日~20日	9月5日

269. 培育壮秧的注意事项有哪些?

水稻旱育稀植技术之所以能高产,就是以旱育壮秧为基础,提高单位面积穗数、粒数、结实率与千粒重而获得高产的。因此,没有稀播壮秧,就没有稀植高产。

(1)秧苗标准

旱育稀植壮秧一般可分大苗、中苗、小苗3种类型,论秧苗素质及产

量潜能，小苗不如中苗，中苗不如大苗。

大苗：叶龄 4.5 以上，秧龄 40 天以上，播量 200 克/平方米；

中苗：叶龄 3.5~4.5，秧龄 30~40 天，播量 300 克/平方米；

小苗：叶龄 2.5~3.5，秧龄 25~30 天，播量 300 克/平方米。

（2）壮秧技术

①选地做床

选背风向阳、地势平坦、水源方便、排水良好、土质肥沃的旱田。在确无旱田或园田的纯水田稻区，应推广高床育苗。把稻田变为旱田或利用水渠主埂，整平加宽到所需宽度，高出田面 30 厘米，进行旱育苗。

②床土准备

过筛贮存待用，每 100 平方米备土 1000 公斤左右。

③苗床培肥

"育秧先育土、壮秧先壮根"。常年培肥床土，建立永久性育苗田。

④种子处理

晒种、风选、筛选、盐水选种（12.5 公斤大粒盐加水 100 公斤，鸡蛋露出水面 2 分硬币大小），盐水选种后要用清水淘洗两遍。纯度 99%，净度 99%，发芽率 99%。

⑤浸种消毒

用咪鲜胺类杀菌剂如 25% 施保克 25 毫升+0.15% 天然芸苔素 20 毫升，浸 100 公斤种子，水温 11~15℃，浸种 5~7 天。

⑥催芽破胸

32℃ 恒温条件下高温破胸，催芽至破胸露白即可。

⑦播种日期

适期早播一般应在气温稳定通过 5~6℃ 时播种。第一、第二积温带于 4 月 10~25 日播种，第三、第四积温带 4 月 15~25 日播种，第五积温带 4 月 20~25 日，在保证出苗的前提下相对越早越好。

（3）育苗方法

①大中棚育苗

大中棚育苗应秋整地、秋打床、秋施农肥，耕翻 10~15 厘米，并且早扣布。其主要优点：一是能在早春提早扣布化床土，提前在棚内作业，实现早育抢积温；二是由于大中棚内空间大温差小，并能实行多层覆盖，有利于早春保温防冻育壮苗并提高成苗率。一般成苗率比小棚高 20%以上，并且有浇水施肥等苗床管理十分方便、育苗成本低等特点。大中棚规格一般为距离地面高度 1.8~2.0 米，宽度 6.0 米，长度一般以 20 米为宜，棚布要采用开闭式。

②旱床育苗

精耕细作整床施氮肥 30 克/平方米，N：P：K＝2：3：1（约硫铵 50 克、二铵 100 克、硫酸钾 30 克）。腐熟捣细猪粪 5 公斤，草碳土或山地腐殖土 10 公斤，用营养剂的按其说明使用，每 20 平方米用 2 袋。全层均匀拌入 10~15 厘米深的床土内，然后整平床面浇水消毒后均铺并拉平过筛细土进入播种状态。

③隔离层育苗

按钵体育苗方式配制营养土，在隔离物上面平铺 3~4 厘米，浇水后播种。

④播种方法

旱床育苗和隔离层育苗播量用机播或手播 200~300 克/平方米，要求播均播匀，播后压种使之三面入土后用过筛细土均匀覆盖 0.5 厘米不露子，然后进行药剂封闭处理后即刻覆膜盖布。

270. 秧田管理的注意事项有哪些？

（1）播后检查

床面是否落干、水分不足即补浇透水；苗出土见绿即通风撤地膜，通风排出有害气体，蒸发床面多余水分。

（2）温度管理

出苗前封闭保温，出苗后 1 叶期不超 30℃，2 叶期不超 25℃，3 叶期不超 20℃，插前 3~5 天注意外界温度，遇到低温要多层覆盖保温。

（3）水分管理

置床育苗：出苗前保床土水分，出苗至 3 叶期控制浇水，3 叶期后按需适时浇，床上水分要求在 90%。缺水标志为秧苗早晚露水珠少，通风时秧苗打卷。

（4）苗床灭草

水稻叶龄在 1.5～2.5 叶期，根据杂草种类，选用 10%千金 60～80 毫升/亩或 10%千金 60 毫升+48%排草丹 160～180 毫升/亩或 50%杀草丹 300～400 毫升/亩，播种覆土后施药 20%敌稗 300～500 毫升/亩（水稻叶龄 1.1 叶期前）。

提倡使用生物壮秧剂，水稻新型高效抗生-促生有机生物复合生物壮秧剂具有价格低、用量少、效益高、无毒无害的优点，并兼有拮抗土壤病原菌防治植物病害发生的农药作用。

（5）防治立枯病

1 叶 1 心期每平方米用 50%立枯净 1.5 克，或用青枯灵、克枯星、病枯净等药品按说明使用防治立枯病。

（6）苗床追肥

旱育钵体及隔离层育苗应酌情适时补肥；旱育苗床一般不追肥。补肥时 100 倍液喷施后，用清水冲洗两遍。一般在秧苗 2.5 叶期发现脱肥，1 平方米苗床用尿素 1.5～2.0 克稀释 100 倍液根外追肥，施肥后用清水冲洗叶面，以免烧伤叶片。

（7）防治潜叶蝇

苗床于栽前 1～2 天，亩用大功臣、一遍净、吡虫啉 30～40 克，兑水 1000 倍液均匀喷施；本田防治亩用大功臣、一遍净、吡虫啉 15～20 克，兑水 1000 倍液喷雾防治。

（8）适期移栽

根据秧苗成活的最低临界温度，并非越早越好，过早插秧等于寄秧，易受冻害。特别是素质差的秧苗，过早插秧更是返青艰难，不利于水稻的优质高产。要在日平均气温稳定在 13～14℃时开始适期早插，"不育 5 月苗，不插 6 月秧"。5 月 25～30 日移栽时秧苗要带药下地。

（9）插秧密度及规格

每平方米以 25 穴为基准，行距 30~33 厘米（9~10 寸），穴距 13~17 厘米（4~5 寸），每穴 3 苗。浅插、行直、穴匀、棵准、不窝根。

271. 本田管理期间，怎样科学施肥？

水稻稀植高产栽培，不仅需要土地平整肥力较高，而且要求水稻生长稳健。首先，要增施农肥，施足底肥，创造能够稳健生长的土壤养分环境。其次，要巧施追肥，用好蘖肥和调节肥，使分蘖早生快发，促进前期生育，并施好穗肥和粒肥，满足后期对氮肥的要求，增加叶片含氮量，保持叶片旺盛功能，增加后期干物质生产，以利提高结实率和千粒重。最后，水稻高产栽培由于对磷、钾肥特别是对钾肥比较敏感，因此，要适当增加磷、钾肥施用比例。

1. 增施农肥

每公顷施用优质农家肥 30~50 立方米；按说明使用经认证的绿色菌肥或生物有机肥做底肥。

2. 用好化肥

化肥施纯氮量为 120 公斤/公顷，但应注意按说明减去使用菌肥或生物有机肥中的相应含氮量，N：P：K = 4：2：1

①氮肥的施用

水稻高产栽培，施肥的原则是改过去穗数型施肥为穗重型施肥，严格掌握前期施肥不过量，而生育后期保证有足够的氮素，使之形成丰产型的高产群体。其施肥方法一般底肥 50% 左右，于翻前或耙前施入，其余做追肥，于 6 月 5 日施入蘖肥 20%~30%、7 月 15 日施入穗肥 10%~20%、8 月 5 日施入粒肥 10%~20%。

②磷肥的施用

施用磷肥能促进水稻健壮和根系发达，对增加水稻的有效分蘖有明显作用。其使用方法是依据水稻对磷肥的吸收规律及其增产作用，一般亩施 5 公斤左右，作为一次性底肥全部于翻前或耙前施入为宜。

③钾肥的施用

施用钾肥对水稻植株抗逆性的增强，对子粒数、结实率和千粒重均有明显的增加和提高作用。水稻高产栽培，依据地块的不同，一般亩施纯钾2.5公斤左右。并依据水稻对钾肥的吸收规律和增产作用，分两次施入。基肥随氮、磷施入50%，余下50%于7月15日结合氮肥穗肥一并施入。

272. 本田管理期间，怎样做好合理节水灌溉？

如同旱育壮秧的道理，在水稻本田（不包括漏水田、渍水田、盐碱地）实行除作业（包括泡田、耙地、移栽、护苗、施药、施肥等）用水外，采取湿润及浅水间歇灌溉，有效分蘖末期晒田至田面有较大裂纹，至完熟后落干。

水稻高产栽培，由于水稻个体生长环境优越、分蘖多、茎粗、发根量大，因此，改进灌溉方法，保持中、后期的根系活力是非常重要的。总的要求是：以水调气，以气养根，以根保叶，以叶保产。具体灌溉方法：插秧灌水护苗；分蘖期注水提高温度，促进前期生育；中期浅灌结合晒田促根和控制无效分蘖，长穗期遇冷害要灌深水护胎；后期可采用间歇灌溉，养根保叶，活秆成熟。

（1）前期：从插秧到有效分蘖期。田间水分管理的目标是促进秧苗的早生快发，确保预期的有效分蘖数，因此应浅湿灌溉。

（2）中期：幼穗分化期。此期是水稻生理需水最多的时期，占全生育期需水总量的40%。水分不足影响碳水化合物的合成与输送，穗变小，秕粒增多。因此，保证此时期的生理生态用水是至关重要的。但这绝不意味着应深水灌溉，而应进行浅湿交替灌溉。

（3）后期：水稻出穗至成熟期。此期水稻生育状况受灌溉条件影响很大，必须由土壤向根系提供氧气。如果土壤的通透性不良，则会造成根系呼吸困难，活力低。因此要减少灌溉量，降低地下水位，增强土壤的通透性，更需要浅湿交替灌溉。

高产节水灌溉试验表明，浅湿交替间歇灌溉法比水层灌溉法有明显的节水效应，每公顷可节省2400~3270立方米，省水效果达40%~60%，并对水稻的生长发育有促进与提高产量的作用，是目前高产栽培最佳的节水灌溉方式。

273. 本田管理期间，怎样做好病虫草害防除工作？

有效防除病虫草害是水稻高产栽培中必不可少的技术环节，因此，应因地制宜地备足所需药量，并不失时机地加以有效防除病虫草害，是获得预期产量目标的重要保证。通过严格遵循并实施水稻高产栽培模式及技术规程，提高植株自身的抗病性和减少病虫草害等农艺措施，是提高水稻经济效益的有效途径。

（1）除草按除草剂说明使用

提倡插前封闭，根据杂草情况选用恶草酮（农思它）药剂封闭除草，插秧后用酰胺类（苯噻草胺、锐飞特、马歇特）、金水牛、阿罗津、草克星、二氯喹啉酸、四唑草胺（拜田净）等绿色稻米生产许可使用的低毒高效除草剂。

（2）提倡人工除草两次

在水稻拔节期前完成，并要割田埂草1遍。

（3）防病灭虫

第一防病。一般在7月中旬用药1次，严重时隔7天再喷一次。预防穗茎瘟在始穗期、齐穗期各喷一次药，能有效起到预防穗茎瘟的作用，可每公顷施用50%稻瘟灵1125毫升800～1000倍液，20%三环唑每公顷用100～130克，75%三环唑每公顷用20克，兑水30～40公斤，或用40%富士1号，均匀喷雾。抽穗后必要时再喷一次或用其他备用药品。其他病届时按有关方法综合防治（注意不使用绿色稻生产禁用农药）；第二灭虫。负泥虫虫害可人工扫除，也可同潜叶蝇亩施用15%、250毫升杀虫双撒滴剂或按说明使用10%吡虫啉、10%大功臣、10%一遍净等；防治二化螟每亩用杀虫双撒滴剂250～300毫升，杀虫单50～60克，锐劲特30～49毫升，兑水20～30公斤。使用杀虫双时必须保持水层3～5厘米5天。杀虫单含有少量的氮肥，长势过旺地块慎用。

三、水稻高效全程生产机械化技术要点

274. 寒地稻作生产机械化有什么作用？

水稻生产的主要环节有耕整地、育秧栽植、田间管理、收获与干燥等。传统的水稻种植基本上采用人工育秧、插秧、收割的"三弯腰"方式，劳动强度大、用工比较多、效益比较低。使用机械化生产可以减轻劳动强度、增产效果显著，一般增产 10% 以上。例如进行机械化收获和干燥，能提高稻米质量，减少霉变损失。据报道，我国粮食收获后的霉变损失常年在 5% 左右，按 1998 年的稻谷产量计算，即损失近 1000 万吨，以人均年消费 250 公斤计，可供 4000 万人食用 1 年。因此，发展水稻生产机械化，是减轻劳动强度、提高水稻单位面积产量和生产效益的重要举措。

275. 耕整地机械化新技术有哪些？

近年来，随着我省水稻种植面积的不断扩大以及各种新农艺栽培技术和措施的推广应用，对耕整地作业质量提出了越来越高的要求，既要达到耕深一致、地表平整，又要表土细碎。

（1）早春旱作"浅旋耕精平地"

早春旱作"浅旋耕精平地"是在早春地表化冻 12~15 厘米时，首先使用天津-654 或上海-50 拖拉机驱动 1GN-210 型旋耕机进行旱旋耕作业，然后再应用（激光）平地机进行旱精平地作业（每两年精平地 1 次）。其优点是能够充分发挥机具作业效率，保证并提高田表平地精度，扩大田块面积，为后序机械化作业创造有利条件。

①新型旋耕机

近年来，旋耕机出现了不少新的型式。大多是在原来的普通旋耕机基础上改进而成。这里介绍两种新型旋耕机：带分离栅的逆铣旋耕机和旋转深松机。

a. 带分离栅的逆铣旋耕机

在重黏土地作业和埋青作业时效果很好。这种旋耕机刀轴的旋向与普通旋耕机相反，犁刀对土壤的切削由耕层底部向土壤表面运动。在刀轴和碎土罩盖之间增设一些和刀轴呈同心圆弧状的分离栅。当旋耕机耕作时，被刀片逆铣而抛起的土块中，大的土块及残余茎秆等被分离栅挡住沿栅条内面下落，而较小的土块则通过栅条间隙碰到罩盖再下落到已沿耙齿内面下落的大土块和茎秆上，这样便形成了一个播种所需的下粗、上细的耕作层，这是普通旋耕机达不到的。此种工作程序特别适用于在重黏土或绿肥地作业。如1GN-165型双向旋耕机，在土壤含水37.3%的重黏土田中、表层5厘米的深度内，碎土率（2厘米以下土块含有率）达到53.3%。这种旋耕机对影响插秧质量的水稻残茎有很好的掩埋效果，掩埋率几乎可达100%。

b. 深松旋耕机

是在旋转圆盘的边缘上装几个三角形横刀。横刀平面与旋转轴平行。圆盘与圆盘耙的圆盘相似，这种旋松部件松土后，底土移到上层的量低于10%，表土移到底层的量低于4%，深松可达30厘米。这种旋松部件的碎土性能大大优于牵引深松铲。据北京农业机械科学院试验，旋松部件在最大进距（试验时用31厘米）的情况下，其碎土率（5厘米以下土块含量）比牵引深松部件高10%。进距减小，则碎土率升高。旋松后的土壤疏松程度高，表层大土块少，地表比较平整。

②激光平地机

高效、低成本是水田机械化发展的必然趋势。国内外生产实践证明，要进一步降低水稻生产成本，提高工效，最行之有效的方法就是适当扩大现有水田田块面积，给机械化种植与收获两大环节营造良好的机械化作业环境。但是，田块面积的加大关键在于解决田块精平地问题，我省近年来的水田开发也进一步证实，地表不平是直接影响水田增产和水田机械化进程的关键因素之一。

常规的土地平整方法很多，但因受土地平整机具自身缺陷与人工操作平整精度的制约，土地平整精度在达到一定程度后就无法继续提高。目前，激光控制技术在土地平整中的应用，弥补了常规土地平整机具的不足，使常规的土地平整机具实现了自动化控制，有效提高了土地平整的精

度和效率，较好地满足了当前水田精平的农艺要求。

激光平地机是一种新型高效、高精度的土地平整机具。它与普通农用平地机具的主要区别在于：激光平地机应用了一套技术先进、自动化程度较高的激光发射与接收系统，同时结合液压技术自动精确地控制平地机具进行平地作业。既减少普通平地机具平地时对驾驶员的依赖性，平地精度较高，又能大幅度提高机械化作业的效率。

由于激光平地机集光、电、液与机械于一体，技术先进，自控水平高，操作方便，效率高，在激光控制范围内精平地时可达正负高差 3~4 厘米（±1.5 厘米），因此，激光平地机被广泛应用于机场、盐场等大型场所的精平作业。近年来，主要用于水田大面积的精平作业，达到田表平整，使小田块变大田块，减少辅助池埂占地面积，节约水资源，实现节水灌溉和充分利用肥效，利于水稻生长和稻田灭草与肥料的吸收。同时，因田块面积加大数倍以上，也为后序的机械化作业创造了十分有利的条件。

（2）早春浅灌水和湿润灌田

在早春旱作"浅旋耕精平地"的基础上适时灌水和湿润灌田，然后在棚内秧苗长到 10 厘米前 5~7 天，使用水田驱动耙或打浆机进行耙地作业，保证有充足的泥浆沉淀时间。生产实践证明，早春浅灌水和湿润灌田的优点：早春化冻浅，泡田节水，灌溉省时，节水节油；作业效率高、各项费用明显减少，成本低。

完成耙地作业后，检查整地是否符合机插秧田要求的最简单易行的方法是下田里走一走，如果脚印未在短时间内被填平，即说明沉淀良好。沉淀时间过短，插秧时船板将有大量上泥，往复接合处出现泥浆埋苗现象，秧苗立苗差，插深也很难保证不出现漂秧现象。因此，要有计划地进行整地。

沉淀达标后，地表水层应在 2~4 厘米，如果水层过深，秧田会被全部淹没在水中，无法看到插得是否标准。此时一旦放掉水，便造成肥分大量流失，因此，泡田时放水要适宜。

早春水泡田后，采用水田驱动耙进行耙地可获得良好效果，水田驱动耙是由拖拉机动力输出轴驱动，主要工作部件为齿板型耙滚和耥板，用于旋转切削破碎土块和耥平表层土壤，是一种较为理想的水田整地机械。它与一般非驱动型水田耙相比具有较多优点：一是提高了耙地的作业质量，特别是改善了碎土和起浆性能。水田驱动耙一次作业质量相当于一般水田耙地两遍以上的质量，碎土率可达70%～80%。耙得细烂，表层松软，土肥混合均匀，因而禾苗返青快，增产效果显著；二是工效高，降油耗。减少拖拉机在田间行走次数；三是适应性强，能适应各种水田土壤的耙田和轧田作业，尤其在黏重土壤中作业效果更佳；四是带有耥板，具有很好的平地作用，耙后即可插秧。

276. 育秧机械化技术有哪些优点？

水稻工厂化育秧是水稻机械化生产内容之一，是水稻移栽前期的重要技术环节，是移栽机械化的基础。水稻工厂化育秧是在人工控制环境条件下，按照规范的工艺流程进行机械化、规模化、集约化、商品化、社会化育秧和供秧，是对传统育秧方式的改造，符合市场经济的发展。我省已有一定规模的育秧工厂，既是生产需要，又是依赖于市场的一种产业。不论移栽机械化配套与否，工厂化育秧都应该先行，前景广阔。黑龙江省东部地区多平原，土地连片，面积较大，在这些经济较发达地区可以优先发展水稻机械化，以机械化移栽为主，建立工厂化育秧体系，统一供种、育秧供秧，在提高规模种植的同时，技术上亦能得到保证。以工厂化育秧作为水稻栽植机械化突破口，克服了早春烂秧，满足了生产需要，发展也较快。工厂化育秧包括除芒、浸种、蒸汽催芽和播种，目前已有国产化水稻工厂化育秧成套设备。

盘式工厂化育秧技术优点：

（1）省种。与手工盘育秧相比，每亩稻田能节省种子约10公斤。

（2）省秧田。盘式工厂化育秧，育1亩秧可插45.2公顷稻田，而常规育秧只能插0.63～0.66公顷。

（3）省劳。盘式工厂化育秧由于机械化程度高，用工较少，盘式育秧较普通秧田育秧每亩大田节省用工40%左右。

俗话说"壮秧八成粮"。多年的生产实践证明，培育壮苗既是高产的基础，又是优质的前提。工厂化育秧可以适当早播、抢农时、抢积温、夺高产，保证育秧安全可靠。具有省田、省种、省水、省肥、省工和增产的显著效果。工厂化育出的高品质规范化秧苗，不但可用于机械化移栽，也可用于手插，既有利于优良品种的普及，还有利于实现规模化育秧、商品化供秧和产业化经营与社会化服务。在创建工厂化育秧中心时，应因地制宜地选配育秧设备及保温大棚的形式，合理确定规模和投资。一般一套工厂化育秧设备可供 70~100 公顷水田所需秧苗，投资在 5~15 万元为宜，便于秧苗运输和对稻农的指导服务。

277. 育秧机械化新技术的特点是什么？

当前，随着人民生活水平的提高，从事农业劳动的人员日趋减少且年龄较大，所以应大力推进机械化进程。水稻工厂化育秧设备虽然可达到提高工效之目的，但却难以满足当前机插水稻秧苗单（双）粒精播育秧的农艺要求，而且设备一次性投资较大，总的生产成本较普通秧田育秧高 70%左右，所以仅适用于少数经济较宽裕的地区进行规模化和产业化水稻生产与应用，绝大多数稻农仍需靠手工来完成水稻育秧工作，劳动强度大、效率低、育秧质量差，更谈不上实现水稻秧苗单（双）粒精播育秧。东北农业大学针对我省乃至全国水稻生产的实际情况，根据当前水稻高产栽培技术中单（双）粒定位播种、培育均质多蘖壮秧、创建优质超高产水稻群体这一栽培技术的农艺要求以及为简化现有育秧方式，研制了"种子纸帘"育秧新技术。该技术主要用于解决机插水稻秧苗在育秧环节一直无法实现机械化单（双）粒定位精播培育均质多蘖壮秧问题，进一步降低了育秧成本、节省了优良品种、提高了稻米产量与质量，达到水稻育秧生产环节高效、省力化之目的。

"种子纸帘"育秧新技术（水稻苗床种子带定位精播育秧技术）是通过专用设备将种子按机插水稻育苗农艺要求的粒（穴）距及每穴粒数等较为精确地包裹于带状"纸帘"中，育秧时直接将该"纸帘"平铺于备好的苗床上，并以 0.5~1.5 厘米厚营养土加以覆盖的一种水稻育秧方法。该育秧法与传统的手工播种育秧法或现有水稻工厂化育秧播种法相比，具有以下几大特点：

（1）"种子纸帘"可直接铺放于准备好的苗床上，方便快捷、省时省力。

（2）高质量满足水稻单（双）粒精播育秧栽培技术的农艺要求，种子株距均匀，穴播合格率达95%以上，出苗整齐，秧苗健壮，分蘖好。

（3）育秧环节实现了省力化、高效率、低成本，节省种子70%左右。

278. 寒地育秧环节应注意的问题有哪些?

（1）推广大中棚育秧

大中棚棚内面积大，空间容量大，昼夜温差小，相对温度高，既有利于机械化作业（耕作、播种和微喷）又便于管理，争取农时和积温，有利于培育壮苗，并可按秧龄确定适宜的播种量。因此，要发展钢骨架大棚，规范大中棚，尽快取缔本田平地封闭小棚。大中棚比例最低要在75%以上。

（2）肥床育苗

壮苗先壮根，育苗先肥土。培肥床土是培育壮苗的基础。秧田要坚持常年固定，常年培肥，常年积造有机肥，防止有土少肥、以土代肥现象。一般要求土和有机肥的比例为3:1。

（3）置床标准要求

一要平整，二要细碎，三要无架空层和暗坷垃，四要肥、药混拌均匀。置床要高出床体8~10厘米，否则将造成秧苗旱涝不均，出苗不齐，局部出现肥、药害。

筛过的苗床土不能混有塑丝、茎秆等杂物。标准秧盘宽度为280毫米，单秧箱宽度为283毫米，因此，大棚内摆放的秧盘间要挤紧，否则容易造成秧片宽度超过283毫米，影响机插质量。盘内铺放底土的厚度应在1.5~1.8毫米，过少或过多均会影响秧苗的生长和机械插秧质量。覆土厚度一般要求在0.5~0.8厘米范围内，过薄，浇水时易出现种子外露现象，也易发生药害；过厚，苗出土慢，易长成弱苗。应保证秧片厚度在2~3厘米，

否则会影响插秧质量。

（4）适时早育苗

扣棚预温。播前 15 天扣棚预温，促床土早化冻，实现暖床播种。对提早出苗、减轻病害、增强秧苗素质十分重要。

浸种、催芽注意保温。3 月底 4 月初气温较低，提早浸种、催芽，应在暖室或大棚内按技术标准进行。

4 月 12 日以前播种育秧的大中棚，要特别注意保温。可采用双裙保温和三层膜覆盖，遇寒流可在棚内熏烟或适当进行加热增温。

（5）积极推广机械精播

育苗最好采用机械化播种。因机械化播种的播量和覆土量调整准确，易于保证育秧质量。目前，我省生产的育秧机械比较多。例如手动育秧播种机、2BSX-600 型秧床播种机和气吸式精播机等。这些机械播种质量好，操作轻便灵活，而且价位较合理。要大、小机械相结合，土、洋机械相结合，尽快取消人工撒播，严格控制播量，提高播种匀度，稀播育壮苗。一旦播密了，就失去了精播的意义，成为弱苗。另外，要注意机械精播前，种子一定要除芒及去枝梗，否则影响精播质量。播种要准确均匀，否则易造成取秧量不准及秧苗素质差等问题。

（6）确保秧龄天数及大龄秧苗

当前水稻生产普遍存在的问题是：中苗秧龄偏短，不足 30 天；叶龄偏小，不足 3.1 叶；秧苗不壮，带蘖率低。要确保机插中苗秧龄 30～35 天，叶龄 3.1～3.5 叶，带蘖率 10%以上；人工手插大龄秧苗 35～40 天，叶龄 4.1～4.5 叶，带蘖率 20%；钵育大龄秧苗 40～45 天，叶龄 4.5 叶以上，带蘖率 30%以上。

（7）增强植物保护意识

①防病。一是浸种消毒，消灭种传病害（如恶菌病），推荐药剂 25%施保克 25 毫升+0.15%天然芸苔素 20 毫升浸 100 公斤种子（水温 11～15℃，浸种 5～7 天）。二是土壤消毒，防治土传病害（如立枯病），推荐药剂有 30%瑞苗青每平方米用 1 毫升～1.5 毫升加水 3 升喷雾；3%（恶

甲）水剂，每平方米用 15~20 毫升加水 3 升喷雾；3% 土菌消（恶霉灵）水剂每平方米用 3~4 毫升加水 3 升喷雾；20% 移栽灵每平方米 4 毫升；15% 恶霉灵每平方米 6~8 毫升。

②灭草。用 50% 杀草丹封闭除草，苗后用 10% 千金 60~80 毫升/亩、10% 千金 60 毫升+48% 排草丹 160~180 毫升/亩、20% 敌稗（300~500）毫升/亩（水稻叶龄 1.1 叶期前）等灭草。一定将苗床草消灭净，防止夹心草进入本田。

（8）加大调温、控水力度，按旱育壮苗模式管好秧田

①温度管理。坚持早通风、早炼苗、炼小苗、低温炼苗的原则，见绿就通风；在温度管理上，温度宁低勿高。禁止高温催苗，要注意冷害，更要防止热害，秧苗一旦遭受热害易徒长成弱苗。

对感温性敏感的早熟品种，在 2.5 叶期棚内温度不能超过 25℃。防止诱发早穗现象。

②水分管理。浇水不可过多过勤和出现泥泞现象，否则易发生秧苗徒长、不盘根，插秧时出现散秧现象，应加强秧苗根部生长。在 2.5~3.0 叶期前控水，确保旱育条件，促进根系发育，特别注意微喷给水过多，导致湿润育苗问题。在水分管理上，一定要坚持"三化"栽培提出的"三浇、三不浇"原则。水宁少勿多，浇透水为止。

（9）秧苗的后期管理

①喷施叶面肥。在离乳期后喷施一定的叶面肥，能起到促进分蘖发育的作用。

②坚持出棚前的"三带"工作，即带肥、带药、带菌。

③机插苗高度要求 13 厘米左右，过矮插秧时易埋苗；过高影响分蘖，机插时伤苗严重。

培育壮苗是一个系统工程，从农时、用种质量到育秧的环境条件及种子处理、催芽、播种到调温、控水、防病、灭草等管理措施，受诸多因素影响和制约。因此，水稻生产者一定要因地制宜、因时制宜、扬长避短，在关键技术上下功夫，适温、稀播育壮苗。

279. 什么是水稻直播技术，具有哪些优缺点？

水稻直播不需要秧田，还省去育秧和移栽的工序，每公顷可节省45个移栽用工，水稻直播技术在消除田难平、苗难全、草难除问题后，被公认为是节本增效的水稻生产技术。以往水稻直播应用的主要障碍是不容易控制草害，现在，除草剂的使用已解决了这一问题，目前水稻直播面积在我国呈上升趋势。我国的水稻直播技术有水直播和旱直播两种。水直播机型以穴播为主，多数机型可播经浸泡破胸挂浆处理的稻种，有的还可播催芽后的（芽长3毫米内）稻种；旱直播机型以条播为主，多采用小麦条播机在未灌水的田块直接播种，播深控制在2厘米以内，这种方法对地块平整度的要求较高。

水稻直播技术优点：机械直播操作最简单、用工最省、机械投资成本最低。

水稻直播技术缺点：不利于稳产高产。由于直播省略育秧环节，因而播期推迟20~25天，营养生长期缩短，成熟期推迟。如果选用迟熟品种，安全齐穗受影响。选用早熟品种，则影响产量潜力。同一品种水、旱直播单产年际变异率达9%以上，高于机械插秧4个百分点；杂草控制较难。水稻直播后全苗和扎根立苗需脱水通气，而化学除草需适当水层，加之水稻直播后稻苗与杂草竞争较移栽弱，杂草滋生的基数极高；出苗受天气条件影响较大。播种后如遇低温阴雨天气，容易烂种死苗。

280. 水稻栽植机械化常见机械及使用情况

水稻栽植机械化所需的机械在有效的科技投入下，近几年已初步克服了品种单一的缺陷。如近年开发的双排插秧器的插秧机、钵苗插秧机均进入了生产准备阶段；有序浅栽的摆秧机、播秧机、精密抛秧机正在逐渐完善，技术日渐成熟；锥盘式抛秧机已有多个厂家生产。技术与价位仍然是我国当今栽植机械制造业一个难以逾越的难题：既要技术起点高，又要价格适中。

水稻栽植方式基本可划分为插秧和抛秧两类，插秧类使用平盘培育的毯状带土秧苗，其最大优点是有利于提高复种指数，达到稳产高产的目的，同时，技术相对较成熟，农民较熟悉，便于推广。目前，在我国使用较多、较普遍的插秧机具主要是曲柄摇杆式取秧机构和独轮驱动加整体承重滑行船板的机型。三人操作，行距一般为 30 厘米。如依兰巨丰 2ZZA6 型插秧机和延吉春苗 ZZT-9356B 型插秧机是我省目前常用的水稻插秧机，通过生产厂家的不断改进，插秧机的技术性能不断完善。但在实际生产中，有的用户由于对机械的使用不当或对相关联作业环节未掌握好，而未能取得应有的作业效果。

281. 水稻生产机械化插秧作业有哪些注意事项？

（1）为了减少空行程，提高作业效率，并减少人工补苗区域，应规划好行走路线。比如一个矩形区，可先留出靠边的一圈（一个作业幅宽）不插，插秧机从一角入区后，在留出一圈后的中心区以菱形法行走进行插秧。中心区插完后，再插外边的一圈。

（2）如果梭形插秧的最后一趟不足一个幅宽（6 行），那么，少几行便拿掉秧箱内的几行秧片，即剩几行就插几行，保证留满外圈。

（3）在插最后一圈前，要考虑好出区点，也就是下一区的入区点。具体办法是：将插秧机空行到出区点开始插最后一圈。插完后便可出区进入下一区作业，否则易造成转移地号困难。

（4）严禁边转弯边插秧，易造成万向节轴损坏和定位离合器损坏等故障。

（5）空秧箱第一次装秧时，秧箱应移到极限位置，空取一次后再装秧，否则易造成空穴。

（6）机械插秧特点：

机械插秧采用定行、定穴、定苗栽插，能集中体现人工手插大行群体协调生长的优势和直播、抛秧浅栽快发的优势。产量高而稳定，在我国东北地区机插比人工手插增产 5% 以上，且年际间较稳定，变异率小于 5%。劳动生产率高，国产插秧机工效为手插的 3 倍左右。平田整地要求相对不高，在秸秆还田条件下，移植质量有保证。受天气条件影响小，一般小雨

天气、刮风天气均不影响插秧操作。作业成本低，经改进后的水稻机械插秧技术，总成本低于人工手插和抛秧。

282. 什么是寒地水稻机插侧深施肥技术，应用效果如何？

水稻机插侧深施肥技术是指在水稻插秧的同时，将基肥和分蘖肥施于秧苗侧土壤中的一种农机和农艺相结合的施肥体系。是一项省肥、省工、省时，减轻水质污染、提高肥料利用率、降低成本的生产技术，在近两年的推广应用中取得较好效果。现将该项技术及应用效果介绍如下。

机械选择 2ST-9356B 型插秧机和 2ZHP-6 型侧深施肥器。肥料选择颗粒肥，要求粒型大小基本一致，每公顷施用三料过磷酸钙 120 公斤、尿素 30 公斤、硫酸钾 75 公斤、生物钾 22.5 公斤。肥料于水稻插秧时施于秧苗侧 3 厘米、深 5 厘米处。按照水稻旱育稀植栽培技术进行本田管理，以叶龄指标为依据，合理进行肥、水调控。

应用效果：常规施肥方法是在放水泡田、水整地前将肥料施于田表，然后整地时将肥料混入土中。侧深施肥与常规施肥对比，在磷、钾肥相同的情况下，节省尿素约 50%，每公顷减少成本 4.50 元。

在对水稻生育期调查中，侧深施肥田各项指标均优于常规施肥田。常规施肥田施肥时间比侧深施肥田提前 7 天左右，但插秧后水稻返青、分蘖等性状表现均比侧深施肥田明显延迟。水稻生育中后期，在肥水管理相同情况下，常规施肥田比侧深施肥田抽穗晚 7 天，成熟晚 8 天，而且根量少，侧生根多，泥面根多，倒伏比例大。由此可见，侧深施肥可促进水稻前期生育，使水稻早生、快发，提早生育，有利于水稻安全成熟，可减少无效分蘖，增强抗倒伏性，提高品质。对水稻产量性状调查结果表明，侧深施肥田株高、穗长、穗粒数、千粒重均高于常规施肥田，侧深施肥比常规施肥田增产 22.4%。

水稻机插侧深施肥技术特别适用于寒地水田面积大、人力缺乏的地区，该技术省肥、省工、省时，可达到水稻插秧高效率、高质量的目的。

四、寒地水稻旱育稀植"三化"高产栽培技术

寒地水稻旱育稀植"三化"高产栽培技术是在推广旱育稀植的基础上

发展起来的。其"三化"是指旱育秧田规范化、旱育壮苗模式化、本田管理叶龄指标计划化。

283. 怎样做好旱育秧田规范化？

水稻旱育秧田规范化是培育水稻壮秧、争取农时、使水稻获得高产的首要基础条件。基本要求是在总体规划适当集中的基础上，坚持秧田"两秋三常年"建设，两秋即秋翻地、秋做床，既缓解了农时，又利于土壤风化，提高土壤的速效养分，秋翻深度一般为15~16厘米。三常年即常年固定秧田、常年培肥地力、常年积造有机肥。

秧田地的选择应以管理方便为重点、培育壮秧为目的，选择地势高、排水良好、土质肥沃、防风条件好的旱田地等做秧田。以上条件不具备时，可在水田毛排旁建成高50厘米、宽2~3米、长15~20米的秧田，解决先旱后湿的弊病，提高秧苗素质。

实践证明，旱育秧田规范化，具有以下优点：一是育秧相对集中，管理方便，利于技术指导，能够及时发现问题、解决问题，减少不必要的经济损失；二是有利于统一建立防风林带，防止风害、冻害等；三是秋整地、秋做床，可提高土壤中速效养分的含量，使早春土温回升速度加快，大大缓解了农时，同时可使水稻出苗提早2~3天；四是可以相互借鉴育秧经验，取长补短，共同提高。

284. 怎样做好旱育壮苗模式化？

水稻旱育壮苗模式化是以旱育为基础，以同伸理论为指导，按不同秧苗类型的模式，以调温控水为手段，育成地上地下均衡发展的标准壮苗。模式化秧苗是通过床土的调酸、消毒、降低播种量、调温控水等手段培育出的早期超重、茎基部宽的秧苗，就是指地上部的33118和地下部的1589的秧苗标准，即地上部中茎长不超过3毫米，第一叶鞘高不超过3厘米，1叶与2叶的叶耳间距1厘米，2叶与3叶的叶耳间距1厘米，3叶长8厘米；地下部有种子根1条，鞘叶节根5条，不完全叶节根8条，第1叶节根9条，已分化待发。按此标准，地下促根，地上稳长，育成健壮中苗，苗高为13厘米。模式化育苗与一般旱育苗相比，茎基宽增加0.08厘米，充实度提高26%，同龄秧苗中发根数增加4条，地上百株干重增加0.21克。

水稻旱育壮秧用密度1.13公斤/升盐水选种，为防止水稻恶苗病、白叶枯病、稻瘟病等的发生，可用35%恶苗灵200ml兑水50公斤浸种40公斤，保持水温10~15℃，5~7天后催芽播种。根据寒地水稻生育期短的气候特点，为尽可能延长生育期，当气温稳定通过5~6℃即可进行秧田播种。三化栽培技术的应用使播种量由原来的每盘播芽种125~150克降至100克，提高了单株的生活空间，既降低了成本，又提高了秧苗素质，增加了秧苗带蘖率。

由于模式化育苗，秧苗素质好，移栽本田中表现也好于一般旱育苗，调查结果表明，模式化育苗返青期比一般旱育苗提早3~4天，分蘖期提早4~5天，从而大大促进了有效分蘖的增多。模式化育秧必须抓好四个关键时期，即种子根发育期、第1叶伸长期、离乳期和移栽前准备期，通过调温控水，达到旱育壮苗的模式。

285. 怎样做好本田管理叶龄指标计划化？

水稻本田管理叶龄指标计划化是以安全抽穗期为中心，按叶龄进程进行水肥调控，使水稻生育按高产轨道和各期指标达标进行，使其安全抽穗成熟，最终达到高产优质的目的。其内容包括以下几方面。

(1) 农时计划

播种育苗为4月10~25日，插秧期5月15~25日，做到不插5月26日秧，确保6月份分蘖，7月1日坐胎，7月14日左右减数分裂，7月28日至8月5日抽穗，9月11~15日安全成熟。根据水稻的生理要求，当气温稳定通过13℃即能正常生长的特点适时早插，从而延长营养生长期，使植株在穗分化前积累较多的干物质，为壮秆大穗、提高产量打下基础。为确保低位分蘖和促进根系下扎，插秧深度控制在2厘米左右，插秧规格，中等肥力为30厘米×13厘米，每穴3~4株；高等肥力为30厘米×16.5厘米，每穴2~3株。

（2）品种配套计划

根据天气、土壤、灌水条件确定品种搭配，即低温年、低洼冷浆地及第一年新垦地、井灌田，早熟和中熟品种搭配比例6:4；高温年、高岗地、老稻田、自然水灌溉田，早熟、中熟品种搭配比例3~4:6~7，严禁种植晚熟品种。

（3）肥水管理计划

水稻肥水调控管理必须根据水稻叶片长势、长相和叶龄进程进行。可根据稻田设计施肥总量为每亩12公斤，N、P、K比例为1:0.5:0.25~0.5。施肥方法为氮肥基施30%，蘖肥30%，接力肥10%，穗肥20%，粒肥10%；磷肥基施100%；钾肥基施50%，穗肥50%。并结合每年的天气条件、土壤条件及品种特性调整施肥总量、施肥比例和施肥方法。根据水稻的需水特点，采用前期多湿少干、后期多干少湿的灌水原则，做到以水调肥、以水调气、以气养根、以根保叶、以利高产的节水灌溉方法。

花达水插秧，深水扶苗返青。返青后到有效分蘖临界期（12叶片品种的8叶期约6月25日前后）保持3厘米水层，以利增温、促进分蘖早生快发。生育转换期为控制无效分蘖，先晒田4~5天，晒田后到出穗前如不发生障碍型冷害，一直进行间歇灌溉。如有生育过旺、叶色偏深的地块，在抽穗前4~5天适当晾田或晒田，促进根系的发育，防止倒伏，提早抽穗。抽穗期灌浅水3~5厘米，齐穗期以后间歇灌溉，出穗30天以后，即腊熟末期停灌，黄熟初期排干，以保证水稻的高产、优质，为收获创造方便条件。

在做好以上管理的基础上，还应及时防治水稻病、虫、草害，确保水稻正常生育。

五、水稻二段式育苗

286. 什么是水稻二段式育苗？

水稻二段式育苗是通过采用晚熟优质品种，利用温室或大棚，采取必要的增温措施，创造适宜晚熟品种生长所需的环境条件，通过两次育苗，延长育苗时间，充分利用温光资源，确保足够的物质积累，达到高产、优质、高效的目的。水稻二段式育苗整个育苗过程分成两个阶段：第一阶段是提高育苗阶段，也就是母床阶段，可在温室、屋内或有防寒措施的大棚内进行，一般比常规育苗提前 25~30 天，将秧苗移栽到正常育苗棚内，一般是 4 月 15 日左右，完成第一次移栽俗称倒苗，缓苗后进行正常育苗管理，当秧苗长至 6~6.5 叶带 3~4 个分蘖时，进行第二次移栽，也就是插秧，至此完成了整个育苗过程。

287. 水稻二段式育苗具有哪些优点？

（1）用种量少

一般农户常规育苗坰用种量为 35~45 公斤，而二段式育苗只需 5~10 公斤种子即可，节省种子 30~35 公斤，可节省开支（成本）100 元左右。

（2）秧苗素质好

普通大棚育苗秧龄一般 35~40 天，只能培育出叶龄 4~4.5 叶，最多带 2 个分蘖的中苗壮苗。二段式育苗秧龄 60~65 天，能够培育出叶龄 6~6.5 叶，带分蘖 3~4 个的大苗壮苗，为水稻超高产奠定良好基础。

（3）分蘖进程快

二段式育苗秧苗素质好，加上二段式育苗采用的是大孔钵体秧盘，使得插后返青快、分蘖早、分蘖进程快，秧苗带蘖 100% 成活，有效分蘖增多，无效分蘖减少，整齐度好，分蘖利用率高达 95% 以上。

（4）抗逆性强，光能利用率高

二段式育苗配套超稀植插秧规格 13×6 寸，通风透光好，植株基秆粗壮、叶片肥厚、宽大、叶色浓绿，抗逆性增强，病虫害明显减轻。同时单株营养面积大，个体生育旺盛，光能利用率高，有利于高产。

（5）高产高效

通过两年的水稻二段式育苗实验来看，每公顷平均产量约达 1.05 万公斤，增产 20% 左右，扣除取暖材料、分苗假植用工费用，每公顷不超过 500 元，公顷纯增收 3000~4000 元。

288. 水稻二段式育苗主要采用哪些措施?

（1）育苗前准备

第一，做好秋季准备工作。一是必须秋备土。最好是在秋收前的农闲时间备好育苗床土，过筛、晒干，既可消灭病菌和草籽，又能防止床土结成块，然后堆放或装袋放好，准备来年春季育苗用。二是秋建棚。在上冻前支好大棚架或将大棚底柱埋好备用，木结构的要挖好坑埋好桩，不必扣棚。三是秋做床。将育苗母床做好，一垧地做宽 2 米、长 8 米的母床即可，整平待用。

第二，要在秋季或春季 3 月中旬育苗前，做好其他育苗物资的准备工作，以一垧地计算，所需母床实用面积为 15 平方米，所需物资主要有种子，插单棵苗的需 4~5 公斤，插双棵苗的需 8~10 公斤，第二段育苗用 352 孔大孔秧盘 380 盘（插秧规格 13×6 寸），壮秧剂 4 袋，另外还要准备好防寒物资，大棚及大棚内小棚用的棚膜或生炉子取暖。

（2）品种选择

选择矮秆、大穗、结实率高、分蘖力强、米质好、抗病耐冷性强的品种。一般为当地晚熟品种，第一积温区可选 14 片叶的品种；第二积温区可选用 13 片叶的品种；第三积温区可选用 12 片叶的品种，注意不要选择过晚的品种，否则容易造成贪青晚熟。

（3）第一段育苗（母床阶段）

①提早扣棚。早播种前 10 天左右，扣上棚膜，以提温化冻，准备播种。一般扣棚时间 3 月 5~10 日。

②种子处理。一般要在播种前晒种 1~2 天，后用比重 1:10~1:13 的盐水选种，即 100 斤水加 17 斤左右的盐，选后用清水冲 2~3 遍，再用施宝克等药剂浸种消毒，50 公斤水加 1 袋施宝克浸 40 公斤种子 5~7 天，催芽 2~3 天，芽长 2~3 毫米，晾芽 6 小时即可播种。

③床土配制。过筛的山地腐殖土、石岗土或草碳土 3 份约 750 公斤加腐熟好的过筛猪粪 1 份 205 公斤，加两袋壮秧剂，搅匀即可。

④播种。在做好的苗床上直接播种，播种时间 3 月 15~20 日，单株插

秧的每平方米播催芽种子 0.35~0.4 公斤，双株插秧的每平方米播催芽种子 0.65~0.7 公斤，均匀播后轻压种子，使之三面入土，再用过筛不含壮秧剂的细土盖平，厚度 0.5 厘米。

⑤苗床管理。必须注意的是：第一，播种后不能用丁扑合剂封闭除草，因前期温度太低容易产生药害毁苗；第二，要加强防寒防冻管理，播后密闭保温，出苗后 2~3 天浇一次水，最好在早晨浇，白天温度保持在 25~30℃，夜间最好 10℃ 以上，最低不能低于 5℃，晚间要在小棚上面盖上棉被，后半夜遇到温度过低时要点亮灯泡保温，以防秧苗冻死；第三，要防止徒长。第一段育苗防冻是关键，但也要防止白天温度高、湿度大而造成的徒长。白天温度不能超过 30℃，出苗见绿后必须通风炼苗，否则形成弱苗，在第一次移栽后会出现大缓苗，对培育壮秧十分不利，通风时做到上午晚放风，不能早于 9 点之前，下午要早盖棚，不能晚于下午 3 点之后。

（4）第二段育苗（子床阶段）

这一阶段已进入正常育苗时间，大约在 4 月 15~20 日，也就是母床的秧苗长到 2.5~3 叶时，移栽到正常育苗大棚内，完成第一次移栽。

①秧盘选择。必须选用 352 孔大孔秧盘，插秧规格不同秧盘用量也不一样，13×6 寸规格的需 380 盘左右。

②床土配制。过筛旱田土 210 公斤加 2 袋壮秧剂拌匀后可装 100 个秧盘，占地面积 20 平方米。

③摆盘。在常规育苗大棚内将苗床整平耙细；浇透底水后摆盘，盘上插满配好的床土，用木板将秧盘压实，使小钵体压入置床的土中，再用笤帚轻轻扫一下，使钵孔能看清即可，以便于栽苗。

④起苗。用小土铲抢 1 厘米土层起出秧苗，抖掉根部附土或在水中把土涮掉。

⑤移栽。将秧盘浇透水，秧盘上面搭上木板，人蹲在木板上，把涮掉土的秧苗栽入秧盘内，每孔栽 1 棵或 2 棵，不能超过 2 棵，上面苗稍撒一些营养土用手指窝填平即可，再浇透水。

⑥及时浇水。移栽后的三天内每天要浇两次水，之后早晨一次就行。

⑦加强管理。要加强通风炼苗，培育多蘖壮秧。每天上午通风时间可提早到 7~8 点，下午延长到 4 点以后，随着温度及秧苗的变化加大通风量，温度保持 25~30℃，不能超过 30℃，插秧前 5 天昼夜通风，进行自然炼苗。

⑧插秧。秧苗达到 6.5 叶带 3~4 个分蘖时，进行插秧，这也是第二次移栽，插秧适期为 5 月 15~25 日，插秧规格根据品种和不同积温带而定，一般采用 13×6 寸，拉线或画印插秧，其他田间管理同常规超稀植栽培技术。

六、水稻垄系栽培技术

289. 什么是水稻垄系栽培技术？

水稻垄系栽培技术是以垄系水肥调控为核心，垄作分层平衡施肥为重点，以节水、省肥、提质、增产为目标，进行水、肥、光、热综合技术配套的可持续发展的生态环保型水稻栽培新模式。

垄系栽培是将肥料，尤其是化学肥料分层深施于垄底，避免传统水稻田全层撒施肥料方式对养分的浪费。分层施肥使肥料形成缓释形态，因此，肥料利用率提高到最佳状态。垄系栽培因提高了土壤受热表面积，增强了土壤通透性，明显改善土壤、水、气等理化性状，使水温、土温有显著提高，因此，秧苗健壮、根系发达、植株抗逆、抗病性有所增强，茎秆强度增加，株型趋于合理，形成丰产性状。在选择垄系栽培方法的同时，还可配套应用抗旱品种进行节水灌溉，增加收入。这一栽培方式除适合水稻田外，也宜于在涝池、缺水稻田及水源充足的水浇地上栽培。

290. 水稻垄系栽培的技术要点有哪些？

（1）播种育苗

①选用抗旱能力较强的水稻品种。育苗程序同其他水稻，强调稀播育壮苗。每公顷用种少于 20 公斤。营养土肥力要充足。

②播种宜早不宜迟。当地温稳定通过 6℃ 时即可扣棚播种，一般播种

时间为 3 月下旬，一般不晚于 4 月 1 日，为争取更高产量，最迟在 3 月 20 日播种完毕。强调稀播育壮苗，用 434 孔钵盘育苗时每穴 2 粒种子，不超过 3 粒为好。营养土配制时一定要足量施农家肥及氮、磷、钾化肥。防治立枯病要及时、准确，播种前浇透底水并用钉耙挠松床土以利钵盘与床土吻合，防止透风。

③当播种量每平方米少于 150 克芽种时，3.5 叶前可以不通风，以利增加积温。

④不干不浇水，浇水必浇透，尽量控制浇水次数，达到旱田水分管苗，以利促根健苗。

⑤齐苗时施第一次肥，以后每 5~7 天施一次。施肥量因苗而定，一般前两次每平方米每次施肥量少于 50 克硫酸铵，以后每次以 70~100 克为宜，追肥后以清水洗苗。插秧前施追钾肥并叶喷乐果溶液，预防潜叶蝇。

⑥移栽时秧苗标准：秧龄 40~50 天，叶龄 4.5~5.5 片，1.5 叶以上分蘖 2 个，生长健壮，整齐一致。

（2）选地及整地

①选择水稻田当中的非重黏土地、非严重漏水地以及前期有水浇条件且不漏水的旱田地。土地秋翻春耙，细碎平整。每公顷施 EM 腐熟发酵肥 30~50 立方米。打垄宜早不宜迟，可以秋打垄，秋施肥。

②打垄及分层施肥，水稻田用旋耕机重旋，以利打垄，土壤干燥田块需灌跑马水一次。已经采用过垄系栽培方法的田地用灭茬机灭茬即可，然后打垄，方式同旱田打垄。垄距 60~65 厘米，打垄时间选择在插秧前 2~3 天，垄的方向以南北向为最好。打垄前后分别用小四轮碾压原垄底和新垄沟多遍以利保水。打垄后用镇压器镇压垄面 1~2 次，使垄面平整细碎，垄高 5~7 厘米，垄顶宽 20~22 厘米。打垄后恢复原田埂。

打垄时按操作规程测土平衡分层施肥，投肥量测土而定，一般是正常栽培施肥量的 60%~70%。每公顷用氮、磷、钾含量各 15% 的三元或多元复混肥 250 公斤、尿素 100 公斤施于垄底（最好测土施肥）。第一犁土将肥盖严后施第二层肥。每公顷施硫酸铵 100~150 公斤，生物磷钾菌剂 20~

40 公斤（每克须含活性菌 2.0 亿个以上）、保水剂 10 公斤，混拌均匀施于第二层。还应视土壤情况施一定量的多元微肥。

③第二犁土将第二层面肥料盖好即可镇压。镇压后垄的标准为：垄宽 60 厘米，底层面肥料与中层面肥料与垄顶间等距离，均为 5~6 厘米，垄顶宽 20 厘米。打垄后的整个田面须保持平整，灌水后以水面深浅一致为标准。

（3）移栽

水稻要适时移栽，不可过早，更不能过晚。在东北，一般以当地终霜出现后 1~2 天移栽为宜，也可参照当地水稻移栽时间进行移栽。

①移栽前，将垄内灌满水，水面与垄面等高即可插秧移栽。水面高出垄面 0~2 厘米，垄面不平可用木板刮平，然后沿垄移栽，时间一般在 5 月 15~25 日为宜。

②移栽密度：垄上双行，行距 10 厘米，穴距 17 厘米，约每平方米 20 穴（弱分蘖品种可适当加密），每穴 2~4 苗。

③移栽标准：匀、直、齐、不下陷、不漂苗。移栽完毕加高水面至垄面上 3~4 厘米，用常规除草方法封闭灭草。

（4）田间管理

除草：秧苗移栽 3 天后，选用酰胺类除草剂或有机磷除草剂，采取毒土法施入。也可参照当地其他除草技术。

施肥：由于分层将全量农肥及化肥施于垄内，故以后的生育进程中不需追肥，只需要移栽后施除草剂的同时撒施硫酸铵每公顷 100~150 公斤，之后于保蘖（齐穗前 45 天）、孕穗（齐穗前 25 天）、灌浆（齐穗后 15 天内）期各叶面喷施一次 500 倍 EM 稀释液或其他生物液肥。由于化肥的平衡施用及田间边行优势的充分体现，垄系栽培的水稻抗病虫能力显著提高，如有病虫发生时施治方法同其他水稻栽培。

灌水：根据水稻需水规律，应用如下节水灌溉技术。

①插秧后深水返青。水层以苗高的 3/5 或 2/3 为宜。深水灌溉 3 天后选晴天晒田 1~2 天。

②晒田后灌水以高于垄表面2~4厘米水层为宜，促秧苗早生快发。

③浅—湿—浅灌溉，有效分蘖终止时停水烤田。

④孕穗期灌水深度为高于垄面4~5厘米至灌浆期。

⑤乳熟期灌溉干干湿湿以湿为主。

⑥黄熟期灌溉干干湿湿以干为主。

（5）适时收获

此种方式栽培的水稻，一般可耐三次轻霜，收获时间可相应延后。

七、寒地水稻三超栽培技术

291. 什么是寒地水稻"三超"栽培技术？

寒地水稻"三超"栽培技术，是东北农业大学根据黑龙江省生态条件提出的。（1）选用优质超级稻品种；（2）宽行单（双）本超稀植；（3）达到安全持续超高产为目标的优质超高产栽培新技术体系，简称绿色水稻"三超"栽培技术，即（1）优质超级稻；（2）宽行超稀植；（3）安全（持续）超高产。

自1999年至2001年在黑龙江省的第一至第三积温区实验示范推广水稻三超技术，平均产量在每公顷10500公斤、9000公斤、7000公斤，最高12500公斤。水稻单产比旱育稀植栽培提高20%以上。

寒地水稻"三超"栽培技术，以最少的基本苗达到最大的超高产群体，具有"三省"（省种、省肥、省水）、"三抗"（抗旱、抗倒、抗盐碱）绿色优质高产的特点，降低成本≥10%，提高产量20%以上，稻米品质达国标1~2级。是继旱育稀植之后，黑龙江省水稻栽培体系的重大改革与创新，是大幅度提高水稻产量与质量的技术性突破。

292. 水稻"三超"栽培技术特点有哪些？增产机理是什么？

水稻超高产栽培必须建立在品种、措施、环境等诸多因素高度协调统一的基础上才能奏效。水稻"三超"栽培技术就是构建一个诸多因素最佳状态而充分表达其最高产量水平的栽培技术。

水稻三超栽培技术的特点及增产机理，概括表述为扩大延长营养时间，扩大营养面积，开发低位节优势分蘖，增强水稻生育双层（植株冠层、根系冠层）源库，致使水稻生育"源足、库大、流畅"，抗旱节水、大幅度增产。

（1）扩大营养时空

由于大钵体（352孔）双（单）粒定位超早播种，宽行双（单）苗适期移栽，水稻生长得以克服一个返青期，两个停滞期（秧苗生长和营养生长停滞期），比一般稀植栽培延长营养生长期25天左右，增加活动积温250~300℃，扩大营养空间近1倍，行间相对光强度提高50%，水温地温增加0.5℃。如同"埂边稻作"边际效应，促进三性（分蘖性、抗逆性、丰产性）及四高（高分蘖率、高成穗率、高结实率、高千粒重）的建成。

（2）真正发挥低节位优势分蘖的特性

由于多蘖壮秧，在充足营养时空条件下，真正开发了第1~4节位低次分蘖，实现了"首蘖成穗"（第1节位1次蘖）。以往的低节位分蘖是指第4~5节位的分蘖，争取早期优势分蘖较难。"三超"栽培技术使梦想变为现实，首蘖成穗极大地促进之后低位蘖的顺利成穗，真正发挥了水稻低节位优势分蘖的成穗特性。而且多蘖壮秧能形成强大根系，吸肥水能力强，因而省肥、抗旱、省水、丰产。

（3）增强双层源库流

由于上述因素及深施肥控灌水等措施，促使双层源库（植株冠层、根系冠层）得到合理改善，有利于养分调节与运输，使水稻株型理想，根深叶茂，叶片挺直，生命时间长，叶重比一般栽培模式大15%左右，光合生产率高40%左右，根系面积及活力均高28%以上。增多维管束20%左右，尤其大维管束是一般栽培的1.5倍，致使水稻建成高光效超高产群体。

（4）促进根系发达

无水层控水灌溉是促进根系发达、抗旱节水和提高茎蘖成穗率及产量的又一重要措施。水稻虽然起源于淹水环境，但它并不是水生植物，水稻在淹水条件下虽然能生存，但不是水稻生长的理想条件。研究结果表明，水稻在淹水条件下根系不如直接从空气中获得氧气时生长得好。有水时水稻会对这种环境进行调节，根中形成通气组织，使氧气能从地上部分运抵根部，但它干扰根所吸收的养分运送到分蘖叶片。土壤水分不饱和时，稻根就需深扎以寻求水分，形成强大的根系，提高其吸收养分的能力，从而促进根系发展。

293. 如何选择优质超级稻？

（1）不同的品种需要不同的生态条件及栽培措施，所谓"良种良法"说的就是这个道理。

优质超级稻生态型可以理解为品种与措施的协调一致。在相同条件下，稻谷产量因品种不同而有明显差异，越是高产栽培，这种差异将会越大，因而正确选用具有目标产量潜力的超级稻品种，是水稻"三超"栽培获得成功的前提。

选择水稻"三超"栽培品种不能过分强调水稻分蘖能力，以往水稻稀植栽培，即使是超稀植栽培，依然走以穗数求高产的路子。因而过分强调品种分蘖力，并培育壮秧促其早生快发，结果往往是长势过茂，拥挤不堪，叶面积过大且结构不合理。过早封行，群体郁蔽，叶片枯死，加之穗数型品种先天就是茎秆细弱而后天又置于密植，因而势必因早衰、重病、倒伏而造成大幅度减产。东农V7品种分蘖中等，茎秆粗壮，叶片长、宽、厚而直立。穗大粒多（130粒）千粒重（28克），结实率高（90%以上），最高产量纪录12500公斤/公顷。

现代优质超高产栽培技术主要是通过开发个体生产力来提高群体生产水平，注重单位面积上的颖花数及结实率，力求以最少的基本苗达到最大的高产群体。因此，"三超"栽培技术应选用熟期相对较长又能够安全成熟、品质优良、产量达标、穗大粒多、单株产量潜力大的穗重型优质超级稻品种。

（2）优质超级稻品种的选择标准

①生育期适宜正常抽穗安全成熟；②茎秆粗壮抗逆性强；③分蘖中等穗型偏大粒多，单株产量潜力高；④稻米品质达到国家1~2级；⑤抗性不低于目前推广的主栽品种。

就目前来说第一积温区应选用东农 V7、五优 1 号（松五龙 93-8）、龙粳 9 号、龙洋 1 号、牡丹江 22 等；第二积温区应选用东农 422（V10）、系选 1 号、东优 9901、东农 9817、五优稻、松 9798、富士光等；第三积温区应先用空育 131、绥 9218、垦鉴 8 号、莎莎妮等优质高产品种。

294. 宽行超稀植的技术要点是什么？

宽行超稀植技术运用多蘖壮秧宽行单（双）本适期移栽超稀植，配套深层施肥、控制灌水等技术措施，形成一个较完整的超高产栽培技术体系，该项技术有利于其空间效应及塑造"埂边稻作"的三大生态效应，即光照充足、土壤肥沃、灌溉量少，因而有助于水稻栽培三性——多蘖性、抗逆性、丰产性的形成而获得优质超高产。

（1）均质多蘖壮秧

水稻"三超"培育多蘖壮秧（3 个蘖以上），不同于一般常规技术。因而要把握好以下几个关键技术环节。

①建立永久性育苗床：要在"育秧先育土，壮秧先壮根"的原则下常年培肥地力，建立永久性苗田。

②大棚育苗：大棚育苗多层覆盖超早播（3 月 25 日~4 月 10 日），比一般常规栽培早播 15 天左右，延长水稻营养生长期。为了实行超早播，则需上一年就备好床土、搭好棚架，并于播种前 30 天左右扣棚布、化床土，而且培育提倡使用 352 孔的大钵体盘，有利于培育多蘖壮秧。

③用双百种子：水稻"三超"栽培必须备用双百种子，即 100%发芽率、100%饱满度，每公顷 10 公斤，并用定位播种器进行单（双）粒定位超稀播，每平方米 60~100 克，保证有效秧龄期，并合理调节床温及水分，培育茎粗根壮、吸肥力强的多蘖壮秧，为优质超高产栽培打下坚实的生物学基础。

④标准：秧龄≥45 天，叶龄≥6 片，带蘖≥3 个。株高 17~20 厘米，10 株茎基部宽≥6.0 厘米，地上百株干重≥6.0 克，根数≥25 条。

（2）宽行单（双）本

本栽培技术遵循营养时空原理，每平方米以 15 穴为基准 13~17 穴范围，每穴插1或2棵苗，行距37~43厘米（11~13寸），比旱育稀植、超稀植栽培宽7~14厘米（2~4寸），穴距15~20厘米（5~6寸）。宽行栽培如同双边现象中的"埂边稻作"，水稻长势非常良好，其机制在于扩大行距栽培，改善了水稻通风透光条件，提高了光合作用，增强了植株抗性，使水稻的超高产栽培形成双优型稻作态势，克服了早衰、重病、倒伏三大弊端而达到理想的产量境界。水稻"三超"提倡单（双）本栽培，是因为单（双）本移栽穴内分蘖竞争少，而多本分蘖竞争激烈，拥挤不堪，结果导致植株细弱难以高产，而且单（双）本栽培的基本苗数接近极限，又适当扩大了行距，因而容易形成"双优型稻作"态势，以最少基本苗达到最大超高产群体。表现为水稻生育前期苗峰低；中期叶面积有所控制，无封垄现象，有效分蘖期长；后期植株健壮、活秆成熟，从而提高了水稻抽穗后的光合生产力。

（3）适期移栽

提倡适期移栽遵循"早插不如早缓"的原理，床内秧苗生长条件优越时，则无需过早移栽到条件较差的本田。而且宽行单（双）本超稀植栽培的结果，使水稻拥有最广阔的营养空间及最适宜的温度条件，因而能够充分利用低位节分蘖及时实现首蘖成穗。可使水稻在以最少的基本苗达到最大超高产群体的过程中，减少返青期、停滞期，延长有效分蘖期及保证水稻的有效生育期，得以建造高光效超高产群体。

适期移栽如乔迁之喜，是水稻"三超"栽培技术的一个重要技术环节，所以提倡适当晚栽（5月25~30日）。一方面保证多蘖壮秧所需要的时间，另一方面缩短返青期和停滞生长期。常规方法实际上是弱苗早插、返青艰难、不利高产。

（4）深层施肥

水稻"三超"高产栽培应在适量施用基肥之后，一般不再追返青肥、分蘖肥（带肥施药的要减去相应量的基肥）。余氮第一次于7月1日，即抽穗前35天左右（幼穗分化前）追20%~30%、第二次于7月15日，即抽穗前20天左右追肥10%~20%及余钾的50%（穗肥二段法）。齐穗期或追 10% 左右。

水稻"三超"高产栽培底肥深施方法的关键技术在于翻（耙）前深施全年氮、钾总量的 50% 及磷的全部作底肥，随施随翻，翻格要严密，达到不外露化肥。追肥深施方法是于施肥前断水落干，田间脚窝无水有裂纹时再灌水施肥后待自然落干。这种深施肥法一般可以提高产量 10% 左右，其增产原因是深层施肥提高了肥料的利用率，改变了肥料的吸收利用时期及方向，使水稻的伸长根发达吸收养分多，并且因水稻根系具有趋肥性而利于水稻根深叶茂创高产。

深层施肥又是提高茎蘖成穗率和产量的重要措施之一，要积极提倡使用生物复合有机肥料。新型高效抗生-促生有机生物复合肥料具有营养物质全面、价格低、用量少、效益高、无毒无害的优点。同时兼有植物生长刺激调节物质，可达到防病驱虫的作用，并兼有拮抗土壤病源菌防止植物病害发生、刺激与调节作物生长发育的双重功效。

（5）控水灌溉

水稻超高产栽培灌溉技术是在水稻个体生长环境优越，分蘖多、茎粗、发根量大等生态条件下进行的。因此，以根深叶茂保持中后期根系活力及增强功能叶片的光合能力为目标的灌水方法是非常重要的。

水稻"三超"栽培在水稻本田（不包括漏水田、渍水田、盐碱地）实行除作业用水及抗灾用水（包括泡田、耙地、移栽、施药、施肥、护苗护胎用水等）以外，实行不建水层的周期性过水灌溉、断水生态最佳的高产栽培灌溉方式。特别是井灌稻区和堤水灌溉区更是如此，既节省成本又能提高产量 5% 以上。水稻孕穗期是水稻一生中需水最多的时期，但绝不意味着一定要建立深水层来满足。水稻需水多并不等于灌溉用水多，只要根系发达，自我调节能力强，完全可以采用常年（除作业用水外）不建水层的前期 3~5 天、后期 5~7 天一次的周期性的过水灌溉，多雨季节索性用蓄水池灌溉也是可行的。控水灌溉是提高茎蘖成穗率和产量的重要措施之一，这种不建水层的控水灌溉方法，每公顷灌溉量为 6000 立方米即可，比常规灌溉量 18000 立方米少 2/3，约 12000 立方米；比节水栽培每公顷灌

溉量9000立方米节水2/3，约3000立方米。

具体操作方法：田面露泥，脚窝没水再行过水灌溉。前水不见后水，中期晒田至田面有较大裂纹。实践表明，在田间达到计划苗数的75%左右时，进行晒田控蘖是提高水稻产量的有效措施。这样有利于促使双层源库（植株冠层、根系冠层）的扩大，有利于养分调节与运输，使水稻株型理想，根深叶茂，叶片生命时间长，叶比重大（比一般栽培模式大15%左右），光合效率高40%左右，根系面积及活力均高于28%以上，增多维管束20%左右，尤其是大维束，是普通栽培方式的1.5倍，促使水稻建成高光效超高产群体。

295. 如何实现安全（持续）超高产

持续超高产有1+2=3的含义：

（1）选用优质超级稻品种；（2）采用宽行超稀植栽培；（3）达到持续超高产目标。

为了保证无公害绿色优质水稻安全持续超高产，水稻"三超"栽培田应增施有机肥（50立方米/公顷），尤其是增施标准化充分腐熟的有机肥，能够显著提高作物的产量和品质；使用绿色水稻专用生物壮秧剂和复合生物有机肥料，减少氮肥施用量1/3~1/2，磷肥用量减少1/4~1/3，钾肥施用量减少2/3；通过增施有机肥、秸秆还田、生物有机肥等培肥地力措施，减少环境污染，积极创造能够安全持续稳定优质超高产的土壤肥力条件。

八、水稻超稀植栽培技术

296. 什么是水稻超稀植栽培技术，技术要点有哪些？

水稻超稀植栽培是在旱育稀植栽培技术基础上发展的，通过进一步稀植实现超高产栽培技术的简称，即采用钵体苗按超稀植规格进行人工摆插的栽培方式。钵苗稀植具有全根下地、无返青期、早生快发、充分发挥壮秧的多蘖性、增加低位蘖大穗比重的高产性。超稀植栽培比旱育稀植品种要求更高，对种子发芽率、播种量、播种精度、密度、秧苗素质、插秧质量及田间管理要求更为严格。其技术框架为选用分蘖力强的中、早熟偏大穗型品种，充分发挥水稻的个体生产潜力，超稀播培育大龄带蘖壮秧，超稀植栽培利用分蘖，壮秆大穗夺取高产的一项新栽培技术。播量每平方米150克，培育4.5~5.0叶龄以上的大苗，平均带蘖1个以上。插秧密度及规格为30cm×20~26cm-2~3苗，每公顷产量8000~9000公斤，育苗及插秧方式上更提倡钵育摆栽。

（1）品种选用

正确选用适宜超稀植栽培的优良品种是超稀植栽培的前提条件。要根据当地积温，选择分蘖力较强、穗大粒多的穗重型或偏穗重型品种，纯度99%以上、发芽率99%以上、净度99%以上的种子。

（2）种子处理

必须严格按照种子处理程序实施晒种、风选、筛选、选种、浸种、消毒、催芽等技术环节，保证超稀植栽培的用种质量。

（3）钵体育苗

钵育摆栽育苗采用561孔钵体盘，每盘0.18平方米。采用30厘米×20~26厘米规格稀插，每平方米为12.5~16.7穴，每公顷需要秧盘225~330盘，每公顷本田需秧田55平方米。

①置床处理：每平方米施捣细腐熟猪粪5公斤和二铵50克，或每20平方米用2.5公斤的壮秧剂1袋，均匀拌入5厘米深的床土内，然后从苗床的一端开始攒堆床面土，依次过筛平铺于床面浇水消毒（每平方米恶霉灵1.5克，用营养壮秧剂则免此程序）后进摆盘状态。

②配制营养土：用20%山地腐殖土或草碳土，加70%的肥沃旱田黑土（其中也可加20%水田土），加10%过筛腐熟猪粪，每公顷需准备1500公斤混合土。而后每400公斤混合土加硫铵500克、二铵500克、钾肥250克（使用营养剂的按其说明使用，一袋即可），用于20平方米的钵盘。每公顷大约需要450个钵体盘。

③摆盘播种：要适时早育苗，当气温稳定通过5~6℃时开始播种。第一、第二积温带一般应在4月10~15日播种；第三积温带在4月20日左右播种。

摆盘时盘与床、盘与盘紧密衔接，摆完盘后装土刮平浇水消毒（用营养剂则免此程序）进入播种状态。一般采用与育苗土混拌播种法，或装土后用定位播种器点播每孔 2~3 粒或用其他播种方式进行均匀播种，播量 200 克/平方米左右。

④苗床管理：钵体育苗较易缺水，苗床缺水应及时补浇。其他同旱育稀植技术。

（4）栽插规格

壮秧稀植栽稀长密，主攻穗重。第一、二积温带采用 30 厘米×26 厘米，每平方米 12.5 穴，每穴 2~3 株为宜。第三、四积温带采用 30 厘米×20 厘米，每平方米 17 穴，每穴 2~3 株为宜。

（5）施肥量

纯氮 120~150 公斤/公顷，N∶P∶K＝4∶2∶1，施肥方法同旱育稀植技术。

第七章　答疑解惑

297. 宁安（顺其自然）水稻底肥分两段施肥有什么好处？

全层施底肥，30%暴露外面挥发，损失量高利用率低，插秧前底肥二次施肥能提高肥料利用率，达到早生快发，返青提前；分蘖提前，促进早熟。

298. 宁安（顺其自然）磷肥可以分两段施入吗？

磷肥可以分两段施入：表层施入利用率高；底肥深层肥效慢。

299. 宁安（顺其自然）硅肥对水稻有什么好处？

提高作物叶绿素的含量，让它更好地进行光合作用；硅肥不仅能提高作物抗倒伏能力，还能增强作物抗病虫害的能力；预防根系的早衰与腐烂；增强作物抗寒、抗低温及抗干热风的能力。硅肥的功能：硅肥既可以作为肥料来使用，又可以当作土壤调理剂来使用。

300. 宁安（顺其自然）硅肥怎样加入水稻吸收率更好些？

60%拌到底肥里；40%返青时表层施肥。

301. 宁安（顺其自然）施锌肥有什么好处？

植物缺锌生长发育停滞、叶片缩小、茎节缩短。我国缺锌土壤较多。缺锌土壤施锌增产效果显著，水稻和玉米尤为突出；锌肥可以基施、追施、浸种、拌种、喷施，一般叶面喷施效果最好。

302. 前进农场（陌刀风雨）水稻每公顷肥咋配比？

纯氮240-磷120-钾180就可以，每公顷全程施肥。

303. 前进农场（陌刀风雨）水稻一生用肥次数和用量？

底肥2次；返青1次；分蘖1次；穗肥1次。每公顷46%尿素146.5

千克、64%二铵 130 千克、60%氯化钾 150 千克；20%硫酸铵 150 千克、5 亿菌剂 120 千克。

304. 海伦（五色石头）水稻怎样平衡施肥，才能达到增产效果？

氮磷钾比例 1：0.5：0.75；底肥氮肥总施肥量的 45%、返青 15%、分蘖 25%、穗肥 15%；磷肥底肥 75%、返青 15%、穗肥 10%；底肥钾肥 60%、返青 10%、穗肥 30%。

305. 兰西（最美的时光）水稻每公顷生育期需多少钙锌肥？

没有钙锌肥，有单质钙。土壤不缺钙，缺锌肥，锌肥是微量元素，每公顷施用七水硫酸锌 15 千克，不能接触磷肥，也可以叶面补 35%速溶锌。

306. 海伦（四季平安）怎样正确使用化肥，提高化肥利用率？

基础肥料两段施用法；水稻全生长期五次施肥。这样能达到深层有肥、表层有肥、浅层有肥，肥料利用率高。

307. 海伦（四季平安）今年肥量使用了，来年还需要加量吗？

纯氮 240-磷 120-钾 180 就可以，每公顷全程施肥量。

308. 五常（有缘人）水稻分蘖肥啥时候扬最相应？

在没有受药害的前提下插秧后的第 18~20 天。

309. 五常（人生如梦）穗肥什么时候扬最佳？

以主穗放圆拔开 1~2 厘米小节开始追肥。

310. 五常（人生如梦）二氢钾对水稻成熟能起到什么作用？

促进早熟；增加千粒重、加快脱水速度、不早衰。

311. 五常（仅此一次）穗肥扬掺混肥行不行？

可以，纯氮要达到 40 个；纯氯化钾 36 个（自己调整）。

312. 舒兰（赵会刚）水稻什么时候追分蘖肥？

分蘖肥插完秧的第 20 天。

313. 舒兰（赵会刚）什么时间追穗肥？

以主穗放圆拔开 1~2 厘米小节开始追肥。

314. 兰西（最美的时光）影响水稻分蘖的因素是什么？

温度低、土壤有机质含量低、插秧过深、秧苗素质弱，前期缺少氮肥；苗期激素产品超量；底药过量应用，农药有隐形药害；插秧后没有达到深水护苗。

315. 舒兰（诚实）水稻分蘖棵数用什么方法能保留住不掉？

培育壮秧、深水护苗、抓住早生快发；促进早分蘖。

316. 舒兰（赵会刚）分蘖也够用，为什么到最后产量上不来？

无效分蘖多，后期容重不足，没有达到穗封行；穗肥施用时间不对。

317. 友谊（李）水稻如何判断缺肥和肥过量？

水稻缺氮：植株矮小，分蘖少，叶片小而直立，叶色黄绿，茎秆短细，穗小粒少，不实率高；肥量过大：叶片翠绿，过早封行。

318. 五常（老徐论稻）水稻缺磷的表现是什么？

缺磷：常在生育前期形成"僵苗"，表现为生长缓慢，不分蘖或延迟分蘖，秧苗细弱不发棵。叶色暗绿或灰绿带紫色，叶形狭长，叶片小，叶身稍呈环状卷曲；老根变黄，新根少而纤细，严重时变黑腐烂；成熟期不一致，穗小粒少，千粒重低，空壳率高。

319. 五常（老徐论稻）水稻缺钾的表现是什么？

缺钾：常在叶片上出现褐斑。一般在分蘖以后，老叶尖端先出现烟状褐色小点，并沿叶缘呈镶嵌状焦枯；分蘖盛期，褐点发展成褐斑，形状不规则，而边缘分界清晰，常以条状或块状分布于叶脉间；褐斑不断由老叶向邻近新叶发展，严重缺钾时褐斑连片，整张叶片发红枯死，犹如灼烧状。氮素过多：稻株徒长，叶色浓绿，叶片肥大，茎秆柔软，易倒伏和感染病虫害，贪青晚熟，秕谷多。磷素过多：常诱发水稻缺锌。因此磷素过多的症状与缺锌症类似，分蘖少，"僵苗"不发，叶片缺绿，沿叶中脉逐渐向边缘变为黄白色，老叶出现褐斑，生长后期整个叶片呈褐色，根系生长缓慢，严重时整株枯死。

320. 青龙山（柱春华）分蘖末期晒田裂纹是否影响穗分化？

不会的，能提高土壤通透性，会加快幼穗分化。

321. 青龙山（柱春华）水稻减数分裂期如何预防障碍性冷害？

主穗放圆要深水护苗，水深10厘米以上到水稻齐穗期为止；配合喷施磷酸二氢钾效果最佳。

322. 榆树（贾成军）盐碱地是不是晒不了田？轻微晒晒行不行？

不建议盐碱地晒田，轻微也不行。

323. 虎林（仰望）水稻深水护胎怎么预防冷害？

主穗放圆要深水护苗，水深10厘米以上到水稻齐穗期为止。

324. 海伦（五色石头）连续低温17℃对水稻产量影响多大？

水稻在减数分裂期如遇连续3天17℃以下的低温影响，将会发生障碍性冷害，形成空瘪粒从而减产。为防御低温冷害，当预报有17℃以下低温时，灌10~15厘米深水层，护胎；要提前三天采用夜间灌水的办法，尤其是井水，要逐步上水，不能一步把水上满，以防水温和泥温温差过大形成人为障碍性冷害；对减轻孕穗期和抽穗期冷害都有一定的防御效果。可增施钾肥、喷施磷酸二氢，增强水稻抗低温障碍性冷害的能力。

325. 五常（天道酬勤）稻花香水稻如何提高品质？

减少氮肥使用量，增加有机肥料与菌剂使用量；提高土壤通透性，适宜时间收割。

326. 五常（舍得）怎样才能种出有机水稻？

空气要达标；土壤要达标；施肥要求使用国家登记的认证有机肥料，水质要达到标准；要人工除草。

327. 大兴（大兴极兔速递）有机水稻如何防治杂草？

要深水控长，插秧后要用稻糠芽前封闭，每亩40千克。

328. 五常（有缘人）水稻封闭药影响产量吗？

温度适宜，选择用量中限，没有隐形成分是安全的。

329. 前进农场（陌刀风雨）水稻田防治水葱用什么药？用量每
　　　亩多少克？

　　　打浆时每亩85%丁草胺100克+10%吡嘧磺隆20克。

330. 前进农场（陌刀风雨）耙完地防治稗草、稻稗用啥药？

　　　50%丙草胺+10%丙炔恶草酮。

331. 稗草、稻稗防治每亩用量多少克（毫升）？

　　　50%丙草胺80克+10%丙炔恶草酮17毫升。

332. 前进农场（陌刀风雨）没有药害还省钱苗后用什么药？

　　　85%丁草胺+68%苯吡+80%苯苄+50%二氯+10%吡嘧磺隆。

333. 五常（老徐论稻）什么是插秧前后三个同步？

　　　插秧前1天施肥、插秧当天深水护苗、插秧5天后施杀虫剂。

334. 五常（精彩人生）什么是超级稻？

　　　超级稻从广义来说，是在产量、米质、抗性等各个主要性状方面均显
著超过现有品种（组合）的水平；从狭义来说，是指在抗性和米质与对照
品种（组合）相仿的基础上，产量有大幅度提高的新品种（组合）。一般
超级稻是指狭义的概念，即超高产水稻。

335. 五常（精彩人生）什么是转基因水稻？

　　　转基因水稻是对水稻物种基因进行了干预或导入不同物种的基因，导
致物种基因实质改变。

336. 五常（精彩人生）超级稻亩产多少千克？

　　　超级稻百亩种植：经超级稻第三方专家测产超过800千克，各项指标
达到规定标准。

337. 五常（精彩人生）黑龙江省审定的超级稻品种有什么？

　　　龙粳21（2009年）；龙粳31、松粳15（2013年）；龙粳39、莲稻1号
（2014年）。

338. 五常（老徐论稻）什么是肥料？

以提供植物养分为主要功效的物料。

339. 五常（老徐论稻）什么是复混肥？

氮、磷、钾3种肥料养分中，至少有2种养分标明量是由化学方法和（或）掺混方法制成的肥料。

340. 五常（精彩人生）什么是有机-无机复混肥料？

含有一定量的有机质的复混肥料。

341. 五常（精彩人生）化肥袋上的六大骗术是什么？

骗术一：炒作新概念。包装中常见带有误导性质的词语，因为农民朋友更愿意使用新型高科技肥料产品，于是不少厂家利用这种心理炒作概念，除了"引进……国家技术""国内领先"等广告语外，在肥料的先进性、肥料的效果方面的误导成分普遍存在，尤其是新型肥料。如在肥料包装袋上标明进口纳米磁性剂、激活素、光能素等专业名词，令用户眼花缭乱。还有不法企业两个年度生产同一个产品，却不停变换生产厂家名称与地址，躲避消费者质疑，也让执法部门找不到责任人。

骗术二：任意夸大产品作用。由于我国在专用肥及功能型肥料方面没有设立专门的规章制度，一些不法厂家抓住这一漏洞，在包装袋上冠以欺骗性名称，如全元素、多功能、全营养等，一种肥料成了包治百病的灵丹妙药。还有各类专用肥料，实际配方没有过多调整，但是包装上印有"……专用肥"等字样，价格却要翻几番。

骗术三：刻意夸大总养分含量。一些厂家在复混肥或尿素商品包装上，将次量元素钙、镁、硫或有机质等成分违规加入肥料总养分含量计量中。《复混肥料、复合肥》国家标准中早已明确规定，总养分指总氮、有效五氧化二磷和氧化钾3种大量元素含量之和，而有些企业以中微量元素和有机钾等成分含量与氮、磷、钾三要素合并计算，将产品含量含量虚假标高，诸如："45%NPKCaMgS"或"N15K15CaMgSbCnZnFeM15"的养分标识，是典型误导消费者行为。这种肥料其实只有30%的养分。

骗术四：打出"权威机构认证的幌子"。一些厂家利用农户相信政府、崇信权威机构的心理，或伪造权威机构证明，或在权威机构不知情的情况下"自我认定"，在一些劣质产品包装上标注"国家＊＊部推荐产品""某某质检所认可产品"等。更有甚者，在包装上不依照要求标识，甚至连成分都不标明，只标注"机构推荐使用"。

骗术五：编造名称混淆概念。三元复合肥和二元复合肥在实质上有很大差异，一些厂家却用二元复合肥冒充三元复合肥。如有些二元复合肥在包装上标明"氮15、磷15、铜锌铁锰等15"或"N-PK-Ci15-15-15"，给人是三元复合肥的感觉，还有企业打出磷酸三铵、三铵等产品名称，其实就是三元复合肥。

骗术六："洋字码"忽悠消费者。不少农户认为进口肥料质量更好，于是一些厂家就将产品包装打上"洋名"冒充进口产品，包括模仿进口化肥商标或取相似名称；盗用国外商品名称或标注"进口许可证"等；采用先注册或虚拟境外空壳公司，然后以空壳公司名义委托企业生产；假标国外技术产品，谎称进口原材料；假冒名牌等现象。

342. 五常（精彩人生）复混肥料执行标准？

执行标准 GB15063-2020。

343. 五常（老徐论稻）怎样正确选购复混肥料？

正面包装袋左上角标注商标、右上角标注生产许可证、执行标准、登记证号，袋子中间醒目标注肥料名称、下面"氮-磷-钾"单一标识含量与总养分，右下角净含量，袋子最下居中制造商名称、地址、电话，侧面使用说明。这是正规肥料。如果标有"高效××肥料""×××肥王""美国技术""俄罗斯技术""以色列技术"等或在肥料功能上使用"抗病、抗虫"等夸大功效词语或不使用汉字使用拼音假冒进口产品。这些产品均有问题，均可能是劣质或假冒肥料，请不要购买。

344. 五常（精彩人生）微生物肥料登记号执行标准是什么？

微生物肥料登记证由农业农村部颁发，标识为微生物（年代号）临时

（或准）字××××号，执行标准为生物有机肥（NY884-2012）、复合微生物肥料（NY/T798-2015）农用微生物菌剂（GB20287-2006），购买请认准以上标识。包装物正面左上角标注商标、右上角标注生产许可证、执行标准、登记证号，袋子中间醒目标识肥料名称、下面"菌剂含菌量"，右下角净含量，袋子最下居中制造商名称、地址、电话，侧面使用说明。

345. 五常（老徐论稻）苗床地上部33118指的是什么？

"3"指的是地中茎长3毫米。

"3"指的是第一叶鞘长不超过3厘米。

"1"指的是第一叶耳与第二叶耳间距1厘米左右。

"1"指的是第二叶耳与第三叶耳之间1厘米左右。

"8"第三叶长8厘米，单株高度不超13厘米。

346. 五常（老徐论稻）苗床地下部1589指的是什么？

"1"指的是种子根1条。

"5"指的是鞘叶节根5条。

"8"指的是不完全叶节根8条。

"9"指的是第一叶节根9条，这9条根是插完秧后长出来的根。

347. 五常（精彩人生）苗床根深叶茂指的是什么？

俗话说"嘴壮人才胖""根深叶才茂"。人营养好才能胖，作物的根吸收力强才能长得壮。水稻的根起着重要的吸收养分和水分的作用，吸收作用强则光合作用也强。光合产物积累多，才能正常生长发育，才能培育出健壮秧苗，插后发根力强返青快、分蘖早、增产潜力大。而水稻从种子发芽到成苗，其营养方式3叶期以前是异养阶段，初生根只有吸水作用，吸收养分能力差。待到2叶1心时，吸收水分养分很强的次生根逐渐形成，3叶期左右是从异养到自养的转换阶段，对外界不良环境抵抗能力很弱，在生理转换前培育根是很重要的。否则，一是幼苗头重脚轻，易失水诱发立枯病。二是次生根少，生理转换阶段后根吸收力减弱，不利于培育壮苗。所以，水稻育苗开始就要为水稻根的生长创造良好条件：满足育苗先育根的需要和水、肥、气、热条件，有利于培育壮秧。

培育壮秧主要决定于土壤营养条件和空气营养条件。虽然稀播种不是培育壮秧的唯一措施，但是个体秧苗所占面积大，根群发育好，吸收养分充足；所占空间大，则受光条件好，光合作用旺盛。所以说，不论何种育苗方式，稀播都是培育壮秧的关键。

348. 五常（三农专家）影响水稻分蘖的因素有哪些？

水稻分蘖实质上是水稻茎秆的分支，分蘖多发生在基部节间极短的分蘖节上。主茎上的分支称一级分蘖，一级分蘖上的分支称二级分蘖，以此类推。水稻分蘖发生是有规律的，正常情况从第一完全叶的叶腋伸出分蘖，但是，特殊情况下也有分蘖不规律现象，如健壮秧苗有时分蘖从不完全叶长出，细弱秧苗出现蘖位高、分蘖晚或不分蘖等情况。

壮秧是在主茎第 3 片叶（完全叶）抽出的同时在主茎第 1 片叶的叶腋中伸出第 1 蘖，在第 5 片叶开始生出的同时，在第 2 片叶的叶腋中伸出第 2 蘖，依此类推，二级分蘖和三级分蘖等各级分蘖均遵循上述叶蘖同伸关系，即分蘖的出现总是和母茎相差 3 片叶子。

水稻发生分蘖必须具备内因和外因两个条件。内因包括品种的分蘖特性、秧苗壮否、干重多少、充实度高低、秧苗大小等。外因主要包括温度、光照、水分和养分等。

水稻分蘖最适气温为 30 ~ 32℃，最适水温为 32 ~ 34℃。气温低于20℃、水温低于 22℃.分蘖缓慢；气温低于 15℃、水温低于 16℃或气温超过 40℃、水温超过 42℃，分蘖停止。

保持 3 厘米左右浅水层对分蘖有利，浅水可以增加泥温，缩小昼夜温差，提高土壤营养元素的有效性。无水或水深降低泥温，抑制分蘖发生。阴雨寡照时，分蘖发生延迟；光强低于自然光强 5%时，分蘖停止。

在营养元素中，氮、磷、钾对分蘖的影响最明显，水稻分蘖期稻体内三要素的临界量分别是：氮 2.5%、五氧化二磷 0.25%、氧化钾 0.5%；叶片含氮量为 3.5%时，分蘖旺盛；钾含量在 1.5%时分蘖顺利。

插秧深度和叶面积指数对分蘖也有很大影响。当秧田叶面积指数达到

3.5、本田叶面积指数达到4.0时分蘖停止；浅插2厘米左右对分蘖有利，插秧超过3厘米，分蘖节位上移，分蘖延迟，分蘖质量变差，弱苗深插还会造成僵苗。

因此，分蘖期间的田间管理就是有效用上述条件，促进分蘖的早生快发，提高有效分蘖率，为最终提高产量和品质奠定基础。

349. 五常（精彩人生）水稻品种之间混种是否科学？

育种家培育的品种是按生育期和株高选育分离出来的水稻新品种。每个品种成熟期不同、株高不同、需要积温不同、喜肥性不同、抗病性不同、抗倒性不同、插秧株距不同，很难一起管理，所以不建议混合种植。

350. 五常（老徐论稻）自留种子可不可以？

可以，必须提纯，纯度98%。水分小于16%。注意事项：在生产中不能打激素类农药，更不能用二甲四氯、调环酸钙、敌草快等。

附录一

水稻三元素配方肥

时期	时间	肥料种类	二铵	尿素	氯化钾	保根 120	硫酸铵	总计
基础肥	4 月	底肥	230	105	150			N90
插秧前	5 月	加快返青		30	60	80	100	N34
返青期	5 月	返青肥		39			100	N38
分蘖期	6 月	分蘖肥		43	30	80	100	N40
生长期	7 月	穗肥	30	71	60	80		N38
合计			260	288	300	240	300	1388
								N240

全生育期氮 240 磷 120 钾 180；菌剂 240 斤。

氮 1 磷 0.5 钾 0.75 比例。

使用方法：底肥：旋地时底肥二铵 230 斤+尿素 105+氯化钾 150 斤。

插秧前一天：尿素 30 斤+氯化钾 60 斤+菌剂 80 斤+硫酸铵 100 斤。

返青肥：尿素 39 斤+硫酸铵 100 斤。

分蘖期：尿素 43 斤+氯化钾 30 斤+菌剂 80 斤+硫酸铵 100 斤。

穗肥：二铵 30 斤+尿素 71 斤+氯化钾 60 斤+菌剂 80 斤。

备注：便于计算，附件 1 计算单位为（斤），面积为/公顷。

适宜水稻品种：龙粳 31、绥粳 18、齐粳 10、黏水稻等。

附录二

五优稻四号水稻三元素配方肥

时期	时间	肥料种类	二铵	尿素	氯化钾	保根 120	硫酸铵	总计
基础肥	4 月	底肥	156	124	180			N85
插秧前	5 月	加快返青	78	22	38	80	65	N37
分蘖期	6 月	分蘖肥		22		80	130	N26
生长期	7 月	穗肥	25	77	80	80		N40
合计			259	245	298	240	195	1237
								N198

全生育期氮 198、磷 119、钾 179；菌剂 240 斤。

氮 1、磷 0.6、钾 0.9 比例。

使用方法：底肥：旋地时底肥二铵 156 斤+尿素 124 斤+氯化钾 180 斤。

插秧前一天：尿素 22 斤+氯化钾 38 斤+菌剂 80 斤+硫酸铵 65 斤。

分蘖期：尿素 22 斤+菌剂 80 斤+硫酸铵 130 斤。

穗肥：二铵 25 斤+尿素 77 斤+氯化钾 80 斤+菌剂 80 斤。

附录三

超级稻水稻三元素配方肥

时期	时间	肥料种类	二铵	尿素	氯化钾	保根 120	硫酸铵	总计
基础肥	4 月	底肥	300	209	200			N150
插秧前	5 月	加快返青		30	50	80	100	N34
返青肥	5 月	返青		57		80	50	36
分蘖期	6 月	分蘖肥		65	50		50	N40
生长期	7 月	穗肥	26	76	75	80		N40
合计			326	437	375	240	200	1578
								N300

全生育期氮 300、磷 150、钾 225、菌剂 240 斤。

氮 1、磷 0.5、钾 0.75 比例。

使用方法：底肥：旋地时底肥二铵 300 斤+尿素 209 斤+氯化钾 200 斤。

插秧前一天：尿素 30 斤+氯化钾 50 斤+菌剂 80 斤+硫酸铵 100 斤。

返青肥：尿素 57 斤+硫酸铵 50 斤+菌剂 80 斤。

分蘖期：尿素 65 斤+硫酸铵 50 斤+氯化钾 50 斤。

穗肥：二铵 26 斤+尿素 76 斤+氯化钾 75 斤+菌剂 80 斤。

附录四

黑龙江水稻气温、生育过程、栽培要点

一、水稻秧苗期 35~40 天，需要积温 400℃。

温度：4 月份平均温度 6.6℃（上旬 3.5℃、中旬 6.8℃、下旬 9.6℃）；5 月份平均温度 14.2℃（上旬 11.6℃、中旬 14.4℃）（50 天）。4 月上旬育苗准备工作，清明；4 月中旬播种期谷雨前；4 月下旬至 5 月上旬幼苗期，谷雨后至立夏前；5 月中旬移栽期，小满。

育苗管理技术：前期控水、后期控温，结合药剂防治立枯病。

二、水稻营养生长期（移栽至幼穗分化 40 天，需要积温 780℃）。

温度：5 月下旬 16.3℃返青期芒种；6 月份平均温度 19.7℃。6 月上旬 18.1℃，夏至前分蘖始期，6 月中旬 19.7℃，有效分蘖期，6 月下旬 21.2℃，穗数决定期，小暑前。

营养生长期管理技术：管理水、施肥、除草，追肥不能超过 6 个氮肥。

三、生殖生长期（幼穗分化至抽穗 33 天，需要积温 770℃）

温度：7 月份平均温度 22.6℃，7 月上旬 22.2℃，7 月 5 日最高分蘖期；7 月中旬 22.5℃，拔节孕穗期，大暑前；7 月下旬 23.1℃，粒数决定期，大暑后。8 月份平均温度 21℃，上旬 22.4℃，生长期占 3 天。8 月 5 日出穗开花期、始穗期，8 月 10 日齐穗期。

生殖生长期管理技术：管理水、施穗肥不能超过 9 个氮肥、防治稻瘟病、稻曲病、二化螟、割净田埂杂草促进早熟。

四、成熟期（抽穗到完熟 42 天需要积温 850℃）

8 月中旬 21.2℃，灌浆结实期、乳熟期、处暑。8 月下旬 19.6℃，腊熟期，粒重决定期白露前。9 月份平均温度 14.2℃。9 月上旬 16.9℃白露，9 月中旬 14℃，9 月 23 日完熟期，秋分不生田，准备动刀镰。

附录五

二十四节气歌

春雨惊春清谷天，夏满芒夏暑相连。
秋处露秋寒霜降，冬雪雪冬小大寒。
上半年来六廿一，下半年是八廿三。
每月两节不变更，最多相差一两天。

附录六

黑龙江省稻区气象条件

第一积温带：初霜日 平均（9.30）最早（9.14）最晚（10.10）

终霜日 平均（4.25）最早（4.15）最晚（4.30）

无霜期 平均 158 天、最少 142 天、最多 163 天

降雨量 650 毫米、稳定通过 10℃5 月 5 日

≥10℃积温是 2750℃

第二积温带：初霜日 平均（9.25）最早（9.13）最晚（10.7）

终霜日 平均（4.30）最早（4.20）最晚（5.5）

无霜期 平均 148 天、最少 132 天、最多 153 天

降雨量 650 毫米、稳定通过 10℃5 月 10 日

≥10℃积温是 2550℃

第三积温带：初霜日 平均（9.20）最早（9.13）最晚（10.5）

终霜日 平均（5.5）最早（4.25）最晚（5.10）

无霜期 平均 138 天、最少 122 天、最多 143 天

降雨量 600 毫米、稳定通过 10℃5 月 15 日

≥10℃积温是 2350℃

第四积温带：初霜日 平均（9.15）最早（9.12）最晚（9.30）

终霜日 平均（5.10）最早（4.30）最晚（5.15）

无霜期 平均 128 天、最少 112 天、最多 133 天

降雨量 550 毫米、稳定通过 10℃5 月 20 日

≥10℃积温是 2150℃

附录七

黑龙江省稻区水稻品种熟期划分及分布积温带

品种	积温	生育期	纬度	分布地区
极早早粳	2100℃以下	110~115天	45~46°N	三积温下四积温上
早熟早粳	2150℃	120~125天	44~46°N	二积温下三积温上
中熟早粳	2550℃	130~135天	43~46°N	一积温下二积温上
晚熟早粳	2750℃	132~145天	43~46°N	一积温上

分布地区仅供参考，要因地制宜选择品种。

附录八

水稻各生育期阶段临界温度

生育阶段	临界温度（℃）		
	最低温度	最适温度	最高温度
出苗期	10~12	25~30	36~40
分蘖期	17~18	30~32	38~39
开花期	15~21	26~30	38
灌浆期	15	20~25	30

附录九

水稻各生育期阶段临界耐碱浓度

生育期	生育状况	pH	总含盐量（%）
幼苗期	正常	7.9	0.19
	受抑制	8.7	0.32
分蘖期	正常	7.6	0.19
	受抑制	8.7	0.32
孕穗期	正常	7.9	0.30
	受抑制	9.1	0.42
开花期	正常	8.2	0.38
	受抑制	8.7	0.50
成熟期	正常	7.9	0.38
	受抑制	8.5	0.40

附录十

不同产量水平氮、磷、钾三要素的需要量

元素	成分	667平方米产量水平（千克）							
		100	200	300	400	500	800	600	700
氮	N	2	4	6	8	10	12	14	16
磷	P_2O_5	1	2	3	4	5	6	7	8
钾	K_2O	2.4	4.8	7.2	9.6	12	19.2	16.8	14.4

附录十一

水稻各生育期对养分的需求

养分		每 667 平方米产量水平（千克）		
		分蘖期	孕穗期	结实期
		移栽至幼分前	孕穗分化至抽穗	抽穗至成熟
氮	吸收量	3.43	4.42	1.51
	吸收强度（克天）	156	253	63
磷	吸收量	1.3	2.59	1.94
	吸收强度（克天）	59	148	81
钾	吸收量	6.44	8.35	0
	吸收强度（克天）	293	477	0
硅	吸收量（%）	11.2	24.4	23.7

附录十二

常用氮肥施用量互换表

氮肥品种	有效成分	施用量（公斤）								
硫酸铵	21%	1	5	10	15	20	25	30	35	40
氯化铵	25%	0.84	4.20	8.40	12.6	16.8	21	25.2	29.4	33.6
尿素	46%	0.46	2.28	4.57	6.85	9.13	11.41	13.7	15.98	18.26
碳酸氢铵	17%	1.24	6.18	12.35	18.53	24.71	30.88	37.06	43.24	49.41

附录十三

水稻成本预算明细表（2022 年）

计算单位公顷：15 亩 　　　　计算单位：公斤 　　　　计算货币：元

序号	科目		单价	序号	科目		单价
1	承包费	15	9500	20	返青分蘖肥	4 次	896
2	种子	50	200	21	菌剂	3 袋	420
3	育苗土	2 车	700	22	除草剂	3 遍	680
4	秧盘	500 盘	160	23	工时费	15	530
5	农膜二层膜	15	120	24	防虫	20 袋	110
6	大棚	120 平方	150	25	防虫	6 瓶	72
7	浸种剂	2 袋	16	26	防病	2 遍	560
8	壮秧剂	15 亩	100	27	工时费	3 遍	450
9	种衣剂	50 克	55	28	收割	1 公顷	1200
10	除草剂	1.5	6	29	拉粒	1 公顷	300
11	杀菌剂	3 瓶	115	30	总费用	1 公顷	20511
12	工时费	1 公顷	500	31	总产量	8750	23625
13	电费	40 天	40	32	总收入	15 亩	23625
14	翻地	15	400	33	纯收入	15 亩	3114
15	基肥	15	1131	34	亩成本	1367.4	
16	耙地	15	500	35	亩收入	207.6	
17	运苗	15	200	36	斤粮成本	1.172	
18	插秧	15 机插	1200	37	斤粮效益	0.178	
19	扶苗	15	200				

备注①：2~13 苗床；秧盘 3 年折旧、农膜 3 年折旧、大棚材料 6 年折旧；14~28 本田到收割；29 总费用；30 总产量；31 总收入；32 纯收入；33 亩成本；34 亩收入；35 斤粮成本；36 斤粮效益。

备注②：水稻按普通长粒当时价格每公斤（2.70 元）（2022 年 10 月 7 日价格）。

附录十四

黑龙江省水稻"三减一增"栽培技术

徐福志

　　摘　要：近年来，黑龙江省水稻栽培过程存在水稻播种量大、施肥量大和农药超量使用现象，不仅增加了生产成本，还导致秧苗不健壮、水稻贪青晚熟空瘪率高以及低温药害不良后果。针对上述问题，作者提出以减少水稻播种量、减少肥料施用量、减少农药使用量、增施生物肥料为核心的"三减一增"水稻栽培技术，并提出相应的配套措施，旨在减少农资投入的前提下提高水稻的产量和品质，为水稻生产"节本增效"提供技术支撑。

　　关键词：水稻；减少播种量；减少施肥量；减少农药量；增加生物肥。

　　水稻是黑龙江省的主要农作物之一，在我省农业生产中占有重要地位。然而，近年来水稻生产中仍然存在播种量大、施肥量大和农药超量使用等现象，不仅增加了农资投入、对农业生态环境构成威胁，还导致秧苗不健壮、水稻贪青晚熟空瘪率高、品质降低以及低温药害等后果，不利于黑龙江省水稻产业的健康发展。鉴于此，作者在总结多年水稻种植和推广经验的基础上，提出"三减一增"栽培技术，可有效解决上述问题，达到水稻节本增效栽培的目的。

一、黑龙江省水稻栽培播种及施肥、施药现状

　　黑龙江省目前水稻栽培存在播种量大、施肥量大和农药超量使用等现象。例如，水稻每平方米播种 0.9kg（干重）种子的占 50%；0.78kg 的占

25%；0.65kg 的占 25%；每公顷施肥量为尿素 250kg、二铵 150kg、氯化钾 125kg，N：P：K＝1：0.49：0.52；每公顷除草剂用量为 60%丁草胺 2500ml＋10%吡嘧磺隆 300g（第一遍打浆时），10%丙炔 400 ml＋50%丙草胺 1000 ml（第二遍插秧前），30%莎稗磷 690 ml＋53%苯噻草胺、吡嘧磺隆 1200g。

二、过量播种、施肥（药）存在的问题

苗床播种量大、插秧密度过大导致插秧后温度低，秧苗不健壮。同时底药量大出现僵苗缓苗慢，达不到早生快发的要求。

旋地施肥时底肥 100%施在表面，有 30%的肥料暴露在外，被阳光、雨水淋溶浪费，肥料利用率低。分蘖中期稻农盲目加大氮肥使用量，使水稻后期无效分蘖增加，水稻空瘪率多，雨水风害加重水稻倒伏，贪青晚熟。如果灌浆期盲目打激素农药则导致水稻腹白增加，品质降低。

除草剂使用量过大会导致秧苗药害，如果为了促进返青与分蘖加大肥量，又会导致无效分蘖多穗短小。

三、技术措施

（一）培育壮秧

1. 晒种。通过阳光杀菌达到种子吸水一致性，可促进种子酶的活性，提高水稻芽势。

2. 盐水选种。达到两个双百的要求，即百分百的千粒重和百分百的芽率。

3. 苗床调理剂分两次使用。按照说明书的用量盘里装 60%，其余 40% 在水稻 2 叶 1 心期下午 4 点后撒施苗床上然后清水洗苗。这样前期不疯长，后期不脱肥。

4. 播种量。盐水选后的种子，每平方米芽种播量 0.78kg，标准化播量是培育壮苗的基础。

5. 通风。育苗后第三天中午通风 60 分钟，排除湿气提高温度。无论出不出苗，只要棚内温度超过 30℃就要通风降到 28℃；1 叶 1 心 28℃；2 叶 1 心 25℃；3 叶 1 心 18℃。

6. 浇水。下午 4 点后浇水，不干不浇水，浇水一次性就浇透。

7. 防病。1 叶 1 心下午打 30% 精甲恶霉灵，每平方米 1.6 ml 兑适量的水均匀喷在苗床上，然后清水洗苗。

8. 送嫁肥。插秧前两天，每平方米喷 35% 速溶锌 0.15 g +矿源腐殖酸钾 0.3g，用适量的水溶解下午 4 点均匀喷在苗床上（不用洗苗）。

（二）标准施肥

1. NPK 比例。N∶P∶K=1∶0.5∶0.75

2. 施肥量。每公顷施肥量为 46% 尿素 145kg、20% 硫酸铵 150kg、46% 磷酸二铵 130kg、60% 氯化钾 150kg、35% 速溶锌 0.5kg、矿源腐殖酸 1kg、生物肥料 120kg（有效菌数≥10.0 亿/g）。

3. 施肥方法与时间。基础肥料每公顷使用方法：旋地时底肥二铵 115kg+尿素 52.5kg+氯化钾 75kg。二次底肥插秧前一天：尿素 13kg+氯化钾 30kg+菌剂 40kg+硫酸铵 50kg。返青肥：尿素 19.5kg+硫酸铵 50kg。分蘖期：尿素 21.5kg+氯化钾 15kg+菌剂 40kg+硫酸铵 50kg+35% 速溶锌 0.5kg+矿源腐殖酸钾 1kg。穗肥：二铵 15kg+尿素 38.5kg+氯化钾 30kg+菌剂 40kg。这样施肥肥料利用率高，前期不疯长，后期不脱肥，黄中有绿、绿中有黄。

（三）标准施药

1. 底药。水整地打浆前，每公顷 85% 丁草胺 1500g + 10% 吡嘧磺隆 300g+45kg 水喷洒，7 天后插秧。

2. 二次封闭。插秧前 2 天，每公顷 50% 丙草胺 1050g+10% 丙炔恶草酮 250g+45kg 水喷洒，2 天后插秧。

3. 插秧后杂草芽前封闭。插秧后 7~12 天，每公顷 85% 丁草铵 500g+10% 吡嘧磺隆 150g+74% 苯噻草胺吡嘧磺隆 200g+73% 苯噻草胺吡嘧磺隆 200g+50% 二氯喹啉酸微颗粒剂 120g 混拌 40kg 菌剂里再二次混拌到 1 公顷分蘖肥里均匀撒施，保水 5~7cm 水层 5~7 天缺水补水。

（四）合理施用生物肥料

生物肥料应拌到化肥表施。分三次使用：第一次插秧前；第二次分蘖

期；第三次主穗放圆穗肥期配合化肥使用，这样化肥利用率高，提高稻米的品质。

（五）减少腹白技术要点

1. 苗期播种量不要过密，插秧不要过密、过晚。

2. 减少氮肥使用量，避免集中施肥，合理施用生物肥料，避免盲目加大叶面激素类农药的使用量。

3. 减少农药用量，促进分蘖；减少颖花败育。

（六）增加千粒重技术要点

1. 插秧后深水护苗。水深苗高三分之二，以水养根、以根保叶，防止延迟性冷害发生。

2. 孕穗期深水护苗。达到水深 15cm 以上，防止障碍性冷害发生。

3. 喷三遍磷酸二氢钾。水稻破口期，下午 4 点后每公顷磷酸二氢钾喷 1∶300 倍液，第二遍水稻齐穗期同等量一次，第三次从第二次喷后第 10 天再同等量的喷一次。

（七）增加稻谷品质技术要点

1. 稀播育壮秧、稀植壮大穗。

2. 低氮肥，增钾肥，施生物肥料。

3. 生长期浅干湿交替灌溉。

4. 农药减量，控制倒伏。

5. 适时收割。成熟 95% 就收割，割在霜前，脱在雪前，储在冻前，磨在九天。

本文针对当前黑龙江省水稻生产中存在的问题，基于长期的实践经验提出以"三减一增"为核心的水稻栽培技术，旨在促进黑龙江省水稻生产"节本增效"，为黑龙江省水稻生产现代化提供技术借鉴。

附录十五

水稻常见病害图谱

一、水稻恶苗病

水稻恶苗病症状（1）

水稻恶苗病症状（2）

二、水稻立枯病

水稻立枯病症状

三、水稻纹枯病

水稻纹枯病症状（1）

水稻纹枯病症状（2）

四、水稻鞘腐病

水稻鞘腐病症状

五、水稻稻瘟病

水稻叶瘟症状

水稻节瘟

水稻穗茎瘟（1）

水稻穗茎瘟（2）

六、水稻稻曲病

水稻稻曲病

附录十六

水稻常见虫害图谱

一、水稻潜叶蝇

成虫

幼虫为害状

幼虫

潜叶蝇

二、负泥虫

负泥虫成虫

负泥虫幼虫

三、二化螟虫

二化螟成虫

二化螟卵

二化螟幼虫

二化螟蛹

附录十七

水稻常见杂草图谱

一、禾本科杂草

稗草

稗草穗

千金子

千金子穗

双穗雀稗

双穗雀稗穗

二、莎草科杂草

水葱

水莎草

水莎草穗

碎米莎草植株

碎米莎草穗

异型莎草

异型莎草穗

萤蔺

萤蔺穗

牛毛毡

牛毛毡穗

三、阔叶型杂草

野慈姑（1）

野慈姑（2）

野慈姑种子

泽泻（1）

泽泻（2）

泽泻（3）

鸭舌草

鸭舌草花

眼子菜（1）

眼子菜（2）

雨久花

鸭跖草（1）　　　　　　　　　鸭跖草（2）

四、水藻类

水绵（1）　　　　　　　　　　水绵（2）

以上收集水稻常见病害 6 种；常见虫害 3 种；常见草害 16 种，仅供广大种植户参考。

主要参考文献

[1]于振文.作物栽培学各论(北方本)[M].北京:中国农业出版社,2003.

[2]山东农学院.作物栽培学(北方本)[M].北京:中国农业出版社,1980.

[3]王树安.作物栽培学各论(北方本)[M].北京:中国农业出版社,1995.

[4]中国水稻研究所.中国水稻种植区划[M].杭州:浙江科学技术出版社,1988.

[5]关少林.哈尔滨市三大农作物优良品种志[M].牡丹江:黑龙江朝鲜民族出版社,2005.

[6]中国农业科学院.中国稻作学[M].北京:中国农业出版社,1986.

[7]张矢.徐一戎.寒地稻作[M].哈尔滨:黑龙江科学技术出版社,1990.

[8]张矢.黑龙江水稻[M].哈尔滨:黑龙江科学技术出版社,1998.

[9]魏冀西.黑龙江农业技术推广与实践[M].哈尔滨:黑龙江科学技术出版社,2004.

[10]金学泳.寒地水稻高效生产实用技术[M].哈尔滨:黑龙江科学技术出版社,2003.

[11]李炯道.水稻超稀植栽培技术[M].牡丹江:黑龙江朝鲜民族出版社,1992.

[12]凌启鸿.作物群体质量[M].上海:上海科学技术出版社,2000.

[13]杨守仁.杨守仁水稻文选[M].沈阳:辽宁科学技术出版社,1998.

[14]高佩文,谈松.水稻高产理论与实践[M].北京:中国农业出版社,1994.

[15]周毓珩,王一凡.水稻栽培[M].沈阳:辽宁科学技术出版社,1991.

[16]王伯伦.水稻优化栽培[M].北京:中国农业出版社,1993.

[17]王一凡、周毓珩.北方节水稻作[M].沈阳:辽宁科学技术出版社,2000.

[18]朱庭芸.水稻灌溉的理论与技术[M].北京:中国水利水电出版社,1998.

[19]吴吉人.北方农垦稻作[M].沈阳:辽宁科学技术出版社,1991.

[20]凌启鸿.水稻高产群体质量及其优化控制探讨[J].中国农业科学,1993(2)1-12.

[21]矫江.早霜冻对水稻商品品质的影响[N].自然灾害学报,2002,11(1):103-107.

[22]张俊宝,曹海峰,孙涛,等.水稻三超宽行栽培对水稻生育及产量的影响[N].中国农业科技导报,2006,8(2):15-18.

[23]金学泳,商文楠,曹海峰,等.不同灌溉方式对水稻生育及产量的影响[N].中国农学通报,2005,21(4):136-141.

[24]孙涛,商文楠,曹海峰,等.不同播种粒数对水稻生育及其产量的影响[N].中国农学通报,2005,21(7):134-137.

[25]曹海峰,房道进,张俊宝,等.寒地水稻三超栽培增产原理及关键技术研究[N].中国农业科技导报,2005,7(5):8-12.

[26]李殿平,曹海峰,张俊宝,等.全程深施肥对水稻氮素利用率和产量的影响[N].东北农业大学学报,2005,36(3):257-262.

[27]马均.杂交中稻超多蘖壮秧超稀高产栽培技术的研究[J].中国农业科学,2002,35(1):42-48.

[28]朱德峰,张玉屏.图说水稻生长异常及诊断[M].中国农业出版社,2019.3.